中等职业教育电子商务专业课程改革规划新教材

电子商务网络技术

主　编　彭纯宪

副主编　刘　涛

参　编　沈华兵　华　夏

　　　　葛明珠　王晓洁

机械工业出版社

本书以网络组建和网上购物技术为主线，按照项目化的要求编写设计了初识网络基本技术、学会 Internet 连接方法、应用交换机技术、应用路由器技术、设置网络安全、制作商品图片、浏览网上商务信息、学会网上购物技术八个项目；每个项目又设计了项目概要、项目目标、项目准备、若干任务、项目拓展训练五个环节；其中每个任务都包括情景导入、任务目标、任务步骤、知识链接、巩固训练、评价报告栏目，具有操作性、趣味性和实用性。

"电子商务网络技术"是中华人民共和国教育部 2010 年修订的《中等职业学校专业目录》"电子商务"专业的一门核心课程，本书除了适合于电子商务专业学生用书外，还可作为中等职业技术学校商贸类相关专业和计算机应用等专业学生用书，也可作为初级电子商务专业人员、网络营销人员和在职员工的短期培训教材或辅导读物。

图书在版编目（CIP）数据

电子商务网络技术/彭纯宪主编 . —北京：机械工业出版社，2011. 3

中等职业教育电子商务专业课程改革规划新教材

ISBN　978－7－111－33826－0

Ⅰ.①电…　Ⅱ.①彭…　Ⅲ.①电子商务—计算机网络—中等专业学校—教材　Ⅳ.①F713.36　②TP393

中国版本图书馆 CIP 数据核字（2011）第 046528 号

机械工业出版社（北京市百万庄大街22号　邮政编码100037）

策划编辑：宋　华　责任编辑：聂志磊

封面设计：王伟光　责任校对：袁凤霞

责任印制：李　妍

北京富生印刷厂印刷

2011 年 5 月第 1 版第 1 次印刷

184mm×260mm・10.5 印张・231 千字

0 001－3 000 册

标准书号：ISBN　978-7-111-33826-0

定价：22.00 元

电话服务　　　　　　　　　　　网络服务

社服务中心：(010)88361066　　门户网：http://www.cmpbook.com

销 售 一 部：(010)68326294　　教材网：http://www.cmpedu.com

销 售 二 部：(010)88379649

读者购书热线：(010)88379203　　**封面无防伪标均为盗版**

前言

编写本书的目的是为了帮助中等职业技术学校的学生（以下简称中职生）掌握网络技术，提高网络组建、网络维修能力，学会网上购物的技术，拓展学生网络技术应用的就业渠道。

1．本书的特点

本书从最基本的网络应用入手，从分析、解决、应用电子商务的角度出发，力求将技术与营销融合，对接职业岗位，衔接职业标准，突出实际操作能力，并将其贯穿在网络组建过程中网上购物各环节的具体操作方法之中，成为一本指导初学者学习网络组建及网上购物技术的实训教程。

2．本书的结构

本书以网络组建和网上购物技术为主线，按照项目化的要求编写设计了初识网络基本技术、学会 Internet 连接方法、应用交换机技术、应用路由器技术、设置网络安全、制作商品图片、浏览网上商务信息、学会网上购物技术八个项目；每个项目又设计了项目概要、项目目标、项目准备、若干任务、项目拓展训练五个环节，其中每个任务都包括情景导入、任务目标、任务步骤、知识链接、巩固训练、评价报告栏目。

3．本书的优势

本书在以服务为宗旨、以就业为导向、以能力为本位的中等职业教育办学指导思想和以项目教学为课程改革方向的指导下编写而成，体例新颖、简明扼要、通俗易懂，具有较强的操作性、趣味性和实用性。在学法中，提倡通过"自主—合作—探究"式的学习，开阔学生视野，激发学生的学习热情，重在培养学生的关键能力和职业素养，为提高学生的就业、创业能力打下坚实的基础。

本书由彭纯宪担任主编，由刘涛担任副主编。参加编写工作的有王晓洁（项目一、项目二）、彭纯宪（项目三）、葛明珠（项目四）、沈华兵（项目五）、华夏（项目六、项目八）、刘涛（项目七），最后由彭纯宪、刘涛统稿。

全书共分为八个项目，建议每周 3 课时，共计 54 课时。具体分配如下：

项　　目	内　　容	理 论 课 时	实 训 课 时	课 时 合 计
项目一	初识网络基本技术	4	2	6
项目二	学会 Internet 连接方法	4	2	6
项目三	应用交换机技术	6	2	8
项目四	应用路由器技术	4	2	6
项目五	设置网络安全	4	2	6

（续）

项　　目	内　　容	理 论 课 时	实 训 课 时	课 时 合 计
项目六	制作商品图片	4	2	6
项目七	浏览网上商务信息	6	4	10
项目八	学会网上购物技术	4	2	6
	课时合计	36	18	54

　　本书在编写过程中，得到了武汉市财贸学校、武汉市旅游学校、武汉市供销商业学校、武汉市仪表电子学校等单位领导的鼎力支持，在此表示衷心的感谢！

　　为方便教学，本书配备有助教课件。凡选用本书作为教材的教师均可登录机械工业出版社教材服务网（http://www.cmpedu.com）免费注册下载。

　　由于时间仓促，加之编者的水平有限，书中难免存在不足之处，恳请广大师生及读者批评指正。

编　　者

目录

项目一 初识网络基本技术

 项目概要

　　本项目介绍了网络互联的基本技术，包括双绞线的制作以及网卡的安装、调试、故障检修，使学生具备网络互联的基本能力。

 项目目标

　　通过本项目的学习，让学生掌握网络互联的基本方法，能够正确熟练地制作双绞线，掌握安装和调试网卡的能力。

 项目准备

- 教学设备准备：多媒体网络计算机教室或电子商务实训室。
- 教学组织形式：将学生分成2～6人的小组，每组设一名组长。
- 项目课时安排：共6课时。

任务 1 制作网络双绞线

情景导入

　　琦琦是一家贸易公司的网络技术人员，公司最近准备实现无纸化办公，公司负责人要求琦琦去找些网线将公司的计算机连接起来，并且要求计算机与各种上网设备相连，这就需要琦琦学会制作不同场合下使用的网线。

任务目标

- 了解国际组织 EIA/TIA 制定的两种线序标准。
- 掌握直通双绞线的制作方法。
- 掌握交叉双绞线的制作方法。
- 能够在不同环境下正确使用双绞线。
- 学会使用测试工具对双绞线的连通性进行测试。

任务步骤

活动一：制作前的准备（见图 1-1）

图 1-1　制作前的准备活动流程

　　步骤 1：准备一根长约 3m 的双绞线，如图 1-2 所示。

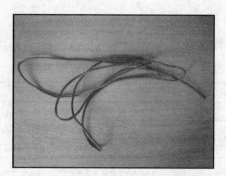

图 1-2　双绞线

　　步骤 2：收集水晶头若干个。RJ-45 接头俗称水晶头（因其外表晶莹剔透而得名），其结构如图 1-3 所示。

　　将水晶头有卡脚的一面向下，有引脚的一面向上，使有引脚的一端指向远离自己的方向，有方形孔的一端对着自己，此时，最左边的是第一引脚，最右边的是第八引脚，如图 1-4 所示。

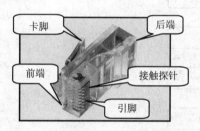

图 1-3　水晶头的结构　　　　　　图 1-4　水晶头引脚排列

　　步骤 3：准备一个网线钳，其结构如图 1-5 所示。

　　步骤 4：准备一个测线器，其结构如图 1-6 所示。

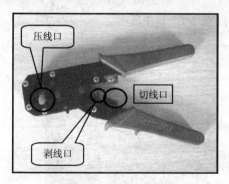

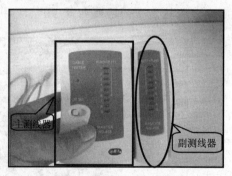

图 1-5　网线钳的结构　　　　　　图 1-6　测线器的结构

　　步骤 5：了解双绞线的制作标准。关于双绞线的制作有两种国际标准，即 T568A 和 T568B。

　　T568A 标准描述的线序从左到右依次为：白绿、绿、白橙、蓝、白蓝、橙、白棕、棕。

T568B 标准描述的线序从左到右依次为：白橙、橙、白绿、蓝、白蓝、绿、白棕、棕。

T568A 标准和 T568B 标准线序见表 1-1。

表 1-1　T568A 标准和 T568B 标准线序表

标　准	1	2	3	4	5	6	7	8
T568A	白绿	绿	白橙	蓝	白蓝	橙	白棕	棕
T568B	白橙	橙	白绿	蓝	白蓝	绿	白棕	棕
绕对	同一绕对	与 6 同一绕对	同一绕对	与 3 同一绕对	同一绕对

🔔 **温馨提示**

网线需要按照一定的线序排列才能通畅，这两种线序标准没有实质上的差异。

活动二：制作直通网线（见图 1-7）

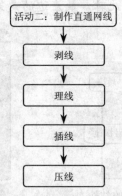

图 1-7　制作直通网线的活动流程

步骤 1：剥线，即用网线钳的剥线口剥去适当长度的网线外皮。

把网线插入剥线口（见图 1-8），右手稍稍用力，感觉网线钳已经夹紧网线后左手捏住网线，旋转右手的网线钳至 90°，再旋转过来如图 1-9 所示。

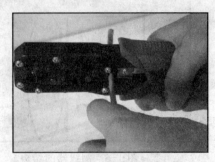

图 1-8　将网线插入剥线口

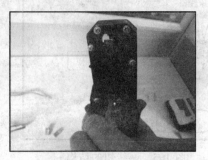

图 1-9　旋转网线钳

这样，网线的外皮就被切断了，再用力一拽就能把网线的外皮彻底剥掉，露出双绞线电缆中的 8 根导线，如图 1-10 所示。

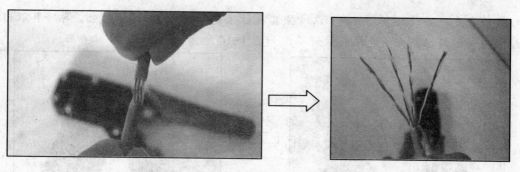

图 1-10　剥开双绞线外皮

步骤 2：理线，即将两两互绕的 8 根导线拆开、理顺，使它们平直排拢，并按照 T568B 的线序标准将导线排列整齐，如图 1-11 所示。

温馨提示

千万不要弄乱线序！

5

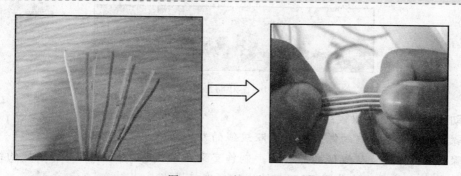

图 1-11　理好 8 根导线

步骤 3：插线，即用网线钳的切线口将双绞线的端头剪齐（见图 1-12），并留下 12mm 的长度，取一个水晶头，将带有金属片的一面朝上，将双绞线的 8 根导线插入水晶头内（尽量往里插，直到水晶头的另一端能看到 8 个金属点），完成后检查一下各线的排列顺序是否正确，如图 1-13 所示。

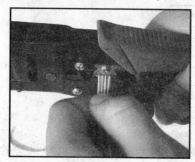

图 1-12　切线

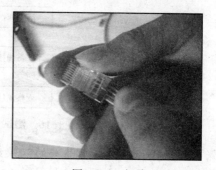

图 1-13　插线

步骤 4：压线，即将已插入双绞线的水晶头放入网线钳的压线口内（此时要注意将双绞线的外皮一并放入水晶头内，以增强其抗拉性能）并用力按压网线钳，再将其取出，双绞线的一端与水晶头的连接就做好了，如图 1-14 所示。

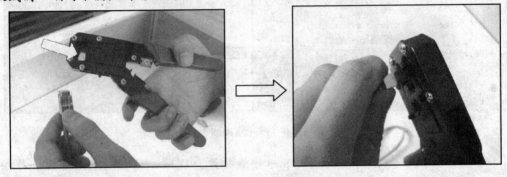

图 1-14　压线

步骤 5：制作双绞线的另一端，方法同上。

制作好的直通双绞线如图 1-15 所示。注意：线序一定要保持一致。

图 1-15　制作好的直通双绞线

活动三：制作交叉双绞线

步骤 1：双绞线一端的做法同直通双绞线的制作步骤 1～4。

步骤 2：制作交叉双绞线的另一端。制作交叉双绞线时，一端按照 T568B 的线序标准接上水晶头，而另一端按照 T568A 的线序标准接上水晶头。

由此可见，如果两个接头的线序都是按照 T568A 或 T568B 标准制作的，则为直通双绞线；如果一个接头的线序按照 T568A 标准制作，另一个接头的线序按照 T568B 标准制作，则为交叉双绞线。

活动四：测试双绞线（见图 1-16）

图 1-16　测试双绞线的活动流程

步骤 1：将已经连接好水晶头的双绞线的两端分别插入检测仪主、副仪器的 RJ-45 接口内，打开主仪器上的开关，如图 1-17 所示。

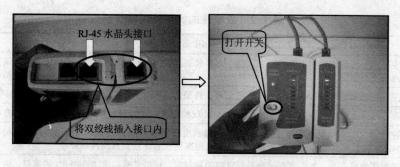

图 1-17 将双绞线插入测线器

步骤 2：观察主、副仪器上的指示灯。对于直通双绞线，如果 8 个指示灯（按编号）一一对应闪亮，则说明此直通双绞线能正常工作；对于交叉双绞线，主、副仪器上的指示灯对应闪亮的关系为：主仪器上的 1、2 号指示灯对应于副仪器上的 3、6 号指示灯，主仪器上的 3、6 号指示灯对应于副仪器上的 1、2 号指示灯，其余同直通双绞线的对应关系，如图 1-18 所示。

图 1-18 测线器上的指示灯

知识链接

一、双绞线概述

1. 双绞线的概念

双绞线是局域网布线中最常使用的一种传输介质，尤其是在星形网络中，双绞线是必不可少的布线材料。

双绞线电缆中封装着若干对导线，为了降低信号的干扰程度，它们中的每一对都由两根绝缘铜导线互相缠绕而成，并且每根铜导线的绝缘层上分别涂有不同的颜色，以示区别。

2. 双绞线的类别

EIA/TIA（电子工业协会/电信工业协会）按电器特性将双绞线分为 7 类，并定义了各类双绞线相应的标准及其用途，见表 1-2。

表 1-2 双绞线的类别及用途

类 别	用 途 描 述
1 类	主要用于传输语音（主要用于 20 世纪 80 年代初之前的电话线缆），不用于传输数据，该类双绞线在局域网中很少使用
2 类	主要用做低速网络的电缆，这些电缆能够支持最高 4Mbit/s 的容量，该类双绞线在局域网中很少使用
3 类	在传统以太网中比较流行，最高支持 16Mbit/s 的容量，支持最高传输速率为 10Mbit/s 的以太网
4 类	在性能上比 3 类双绞线传输有一定改进，最高支持 20Mbit/s 的容量，用于语音传输和最高传输速率为 16Mbit/s 的数据传输，用于比 3 类双绞线传输距离更长且速度更高的网络环境
5 类	增加了绕线密度，外层套有一种高质量的绝缘材料，可以支持高达 100Mbit/s 的容量，用于语音传输和最高传输速率为 100Mbit/s 的数据传输，这是最常用的以太网双绞线
6 类	传输性能远远高于 5 类双绞线，最常用于传输速率高于 1Gbit/s 的网络，它为组建高速网络提供了便利
7 类	它采用一套在 100Ω 双绞线上支持 600Mbit/s 带宽传输的布线标准。与 4 类、5 类、6 类双绞线相比，7 类双绞线具有更高的传输带宽

二、不同双绞线的用途

1．直通双绞线

两端排线顺序采用相同的标准，完全是一一对应的，具体应用见表 1-3。

2．交叉双绞线

两端排线顺序采用不同的标准，即 1 号与 3 号、2 号与 6 号兑换位置，其余线序不变，具体应用见表 1-4。

表 1-3 和表 1-4 中 Hub 代表集线器，Switch 代表交换机，Router 代表路由器，PC 代表计算机，Modem 代表调制解调器。

表 1-3 直通双绞线的应用

序 号	连接的设备
1	PC—Hub
2	Hub 普通口—Hub 级联口
3	Switch—Router
4	Switch—Hub 级联口
5	Modem—PC

表 1-4 交叉双绞线的应用

序 号	连接的设备
1	PC—PC
2	Hub 普通口—Hub 普通口
3	Hub 级联口—Hub 级联口
4	Switch—Switch
5	Switch—Hub 普通口
6	Router—Router

巩固训练

一、单项选择题（请将最佳选项代号填入括号中）

1. 以下（　　）双绞线主要用于传输语音，不用于传输数据。

　　A．1 类　　　　　　B．2 类　　　　　　C．3 类　　　　　　D．5 类

2. 双绞线电缆中相互缠绕的作用是（　　　）。

　　A．使缆线更细　　B．使缆线更便宜　　C．使缆线加强　　D．减少电磁干扰

3. （　　）接头俗称水晶头。

　　A．RJ-11　　　　　B．RJ-45　　　　　C．VGA　　　　　D．BNC

二、操作题

操作题 1：简述制作双绞线的基本步骤。

【目标】熟练掌握制作双绞线的方法。

【要求】学生独立制作一根双绞线。

操作题 2：简述双绞线制作标准。

【目标】熟知双绞线的制作标准。

【要求】学生能熟记双绞线的标准。

评价报告

制作网络双绞线评价表，见表 1-5。

表 1-5　制作网络双绞线评价表

被考评人					
考评地点					
考评内容		制作网络双绞线能力			
考评标准	内　　容	分值/分	自我评价/分	小组评议/分	实际得分/分
	了解国际组织 EIA/TIA 制定的两种线序标准	20			
	掌握直通双绞线的制作方法	25			
	掌握交叉双绞线的制作方法	25			
	能够在不同环境下正确使用双绞线	20			
	学会使用测试工具对双绞线的联通性进行测试	10			
	合　　计	100			

注：1. 实际得分=自我评价 40%+小组评议 60%。

　　2. 考评满分为 100 分，60～74 分为及格；75～84 分为良好；85 分以上为优秀（包括 85 分）。

9

任务 2   检测与排除网卡故障

情景导入

琦琦在贸易公司中负责管理网络，公司要求琦琦能及时解决公司计算机不能联网的故障，这要求她必须要学会网卡的安装、调试、故障检测与排除。

任务目标

- 了解网卡的工作原理及影响网卡工作的因素。
- 掌握安装网卡的方法。
- 学会检测网卡故障。
- 能够排除网卡的硬件故障。
- 能够排除网卡的软件故障。

任务步骤

活动一：安装网卡（见图 1-19）

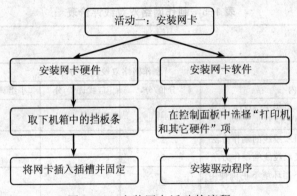

图 1-19   安装网卡活动的流程

现在市面上销售较多的是即插即用的 PCI 插口网卡，现以此为例说明安装网卡的过程。

1．安装网卡硬件

步骤 1：打开计算机机箱，卸下主板与 PCI 插槽相对应的机箱挡板条，如图 1-20 所示。

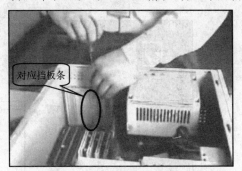

图 1-20　卸下挡板条

步骤 2：将网卡插入 PCI 插槽中，并将网卡用螺丝固定在机箱上，如图 1-21 所示。

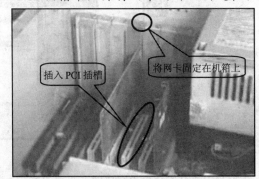

图 1-21　固定网卡

2．安装网卡软件

通常 Windows 2000 版本以后的系统自带网卡驱动程序，当发现硬件后会出现自动添加的对话框，直接单击、重启即可完成安装。若无法识别硬件，可通过以下操作安装网卡驱动程序。

步骤 1：单击"开始"→"设置"→"控制面板"，在弹出的控制面板界面中选择"添加硬件"项，如图 1-22 所示。

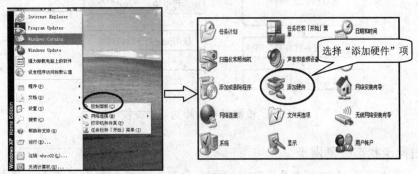

图 1-22　选择控制面板界面中的"添加硬件"项

11

步骤 2：单击"添加硬件"命令，等待计算机搜索未安装驱动的硬件设备，待搜索完毕后会出现设备名称，单击"完成"按钮驱动即安装成功，如图 1-23 所示。

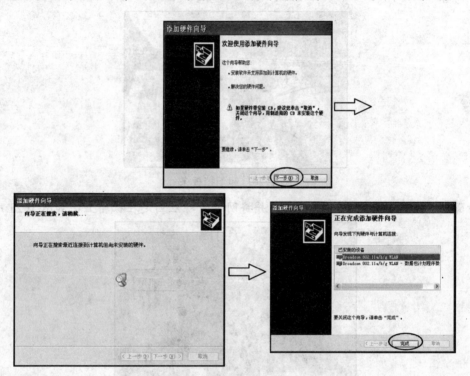

图 1-23　通过安装向导完成网卡驱动的安装

活动二：检测网卡故障（见图 1-24）

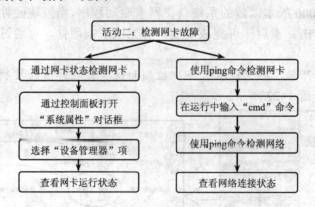

图 1-24　检测网卡故障的活动流程

1．通过网卡状态检测网卡

步骤 1：单击"开始"→"设置"→"控制面板"，在控制面板界面中选择"系统"菜单，如图 1-25 所示。

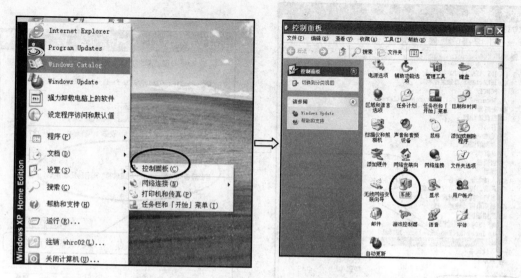

图 1-25 选择控制面板界面中的"系统"菜单

步骤 2：在弹出的"系统属性"对话框中单击"硬件"选项卡下的"设备管理器"按钮，如图 1-26 所示。

步骤 3：在"设备管理器"对话框中找到"网络适配器"项，用鼠标左键双击它，便会显示该计算机安装的所有网卡，将鼠标移至新安装的网卡上并单击鼠标右键，选择"属性"命令，在弹出对话框的"常规"选项卡中若"设备状态"栏显示"这个设备运转正常"，则说明网卡工作正常，如图 1-27 所示。

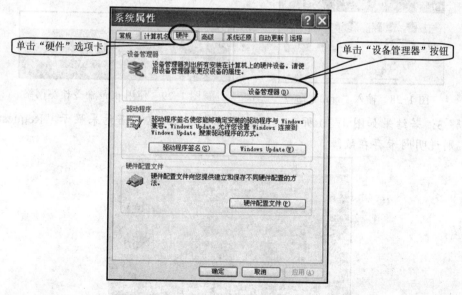

图 1-26 单击"设备管理器"按钮

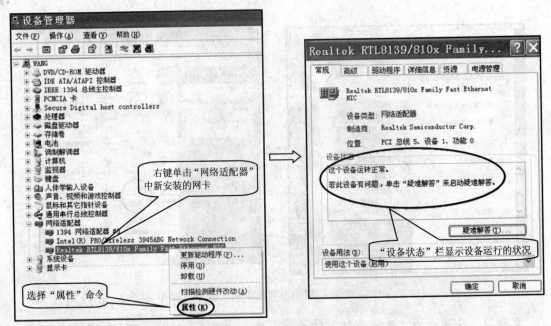

图 1-27　网卡运转状态的显示

14

2．使用 ping 命令检测网卡

步骤 1：单击"开始"→"运行"，输入"cmd"命令后单击"确定"按钮，如图 1-28 所示。

步骤 2：在弹出的窗口中输入"ping 127.0.0.1"，按"Enter"键确定，如图 1-29 所示。

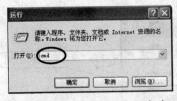

图 1-28　输入"cmd"命令

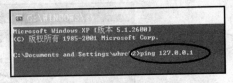

图 1-29　使用 ping 命令检测网络

步骤 3：若结果如图 1-30 所示，则说明网卡运行正常；若结果显示"Request timed out"，则说明网卡存在故障。

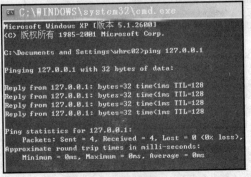

图 1-30　测试网络连接

活动三：排除网卡故障（见图 1-31）

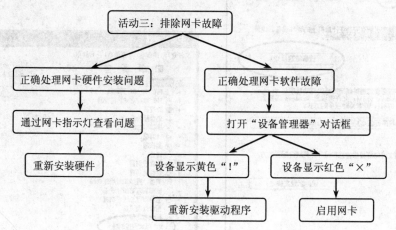

图 1-31　排除网卡故障的活动流程

1．正确处理网卡硬件安装问题

步骤 1：查看机箱后部的两个网卡指示灯，如图 1-32 所示。"LINK"灯表示网络的连接，应该长亮；"ACT"灯表示数据的传输，正常情况下应快速闪烁。若指示灯时暗时明，且网络连接总是不通，最可能的原因就是网卡和 PCI 插槽接触不良。

步骤 2：打开机箱，重新拔插网卡或换插到其它 PCI 插槽即可；此外，灰尘多、网卡"金手指"被严重氧化也会造成此类故障，需要清理灰尘，用纸巾将"金手指"擦亮即可，如图 1-33 所示。

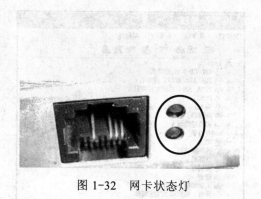

图 1-32　网卡状态灯

擦亮网卡"金手指"

图 1-33　擦亮网卡"金手指"

2．正确处理网卡软件故障

步骤 1：将鼠标移至"我的电脑"，单击右键选择"属性"命令，在弹出来的"系统属性"对话框中选择"硬件"选项卡，单击"设备管理器"按钮，如图 1-34 所示。

步骤 2：在"网络适配器"中找到安装的网卡，如果网卡前方的图标上有一个黄色的"！"（见图 1-35），则说明网卡驱动程序与网卡不匹配，单击右键选择"卸载"命令，重新安装网卡驱动。

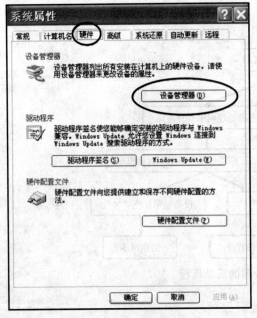

图 1-34　打开设备管理器

图 1-35　显示网卡驱动没有正确安装

　　步骤 3：网卡驱动不匹配的问题还可以通过升级软件来解决。在"设备管理器"对话框中选择所安装的网卡，单击右键选择"属性"命令，在弹出的菜单中选择"驱动程序"选项卡，单击"更新驱动程序"按钮完成驱动的安装，如图 1-36 所示。

　　步骤 4：在"设备管理器"对话框中，若网卡前方的图标上有一个红色的"×"，则说明网卡已经被禁用，右键单击该网卡，在快捷菜单中选择"启用"命令，如图 1-37 所示。

图 1-36　更新驱动程序

图 1-37　启用网卡

知识链接

一、网卡的工作原理

发送数据时，网卡先侦听通信介质上是否有载波，如果有，则认为其它站点正在传送信息，继续侦听通信介质。一旦通信介质在一定时间内是安静的，即没有被其它站点占用，则开始进行帧数据的发送，同时继续侦听通信介质，以检测冲突。

在发送数据期间如果检测到冲突，则立即停止该次发送，并向通信介质发送一个"阻塞"信号，告知其它站点已经发生冲突，从而丢弃那些正在接收的可能受到损坏的帧数据，并等待一段随机时间。在等待一段随机时间后进行新的发送。如果重传多次后（大于 16 次）仍发生冲突，就放弃发送。

接收时，网卡浏览通信介质上传输的每帧数据，如果其长度小于 64B，则认为是冲突碎片。如果接收到的帧数据不是冲突碎片且目的地址是本地地址，则对帧数据进行完整性校验。如果帧数据长度大于 1518B 或未能通过 CRC 校验，则认为该帧数据发生了畸变。通过校验的帧数据被认为是有效的，网卡将它接收下来进行本地处理。

二、影响网卡工作的因素

网卡能否正常工作取决于网卡及与其相连接的交换设备的设置以及网卡工作环境所产生的干扰。例如，信号干扰、接地干扰、电源干扰、辐射干扰等都可能对网卡性能产生较大的影响，有的干扰还可能直接导致网卡损坏。

1．网线导致故障

网线本身的质量和水晶头的制作水平都会影响网卡的工作状态，很多网卡故障都是由此造成的。除了选用优质的双绞线外，还要注意水晶头与网卡接口之间的接触是否良好，以及水晶头内的数据线排序是否符合标准。

2．计算机电源故障导致网卡工作不正常

电源发生故障时产生的放电干扰信号可能窜到网卡输出端口，在进入网络后会占用大量的网络带宽，破坏其它工作站的正常数据包，形成众多的 FCS 帧校验错误数据包，造成大量的重发帧和无效帧，其比例随各个工作站实际流量的增加而增加，严重干扰整个网络系统的运行。

3．接地干扰影响网卡工作

接地效果不好时，静电因无处释放而在机箱上不断积累，从而使网卡的接地端（通过网卡上部铁片直接跟机箱相连）电压不正常，最终导致网卡不能正常工作，这种情况严重时甚至会击穿网卡上的控制芯片，造成网卡的损坏。

4．信号干扰影响网卡工作

信号干扰的情况很容易出现，有时由于网卡和显卡插得太近而产生干扰。干扰不严

17

重时，网卡能勉强工作，数据通信量不大时用户往往感觉不到，但在进行大数据量通信时就会出现"网络资源不足"的提示，造成计算机死机。

5. 网卡的设置直接影响工作站的速度

网卡的工作方式可以分为全双工和半双工，当服务器、交换机、工作站工作状态不匹配（如服务器、工作站的网卡被设置为全双工状态，而交换机、集线器等都工作在半双工状态）时，就会产生大量碰撞帧和一些 FCS 校验错误帧，访问速度将变得非常慢，从服务器上复制一个 20MB 的文件可能会需要 5～10min。

 巩固训练

一、单项选择题（请将最佳选项代号填入括号中）

1. 下面属于网络通信设备的是（　　）。

　　A. 扫描仪　　　　　　　　　　B. 键盘

　　C. 显卡　　　　　　　　　　　D. 网卡

2. 在"设备管理器"对话框中，硬件设备图标上标有黄色"！"代表（　　）。

　　A. 此硬件可正常使用

　　B. 硬件出现故障，无法正常使用

　　C. 此硬件被禁用

　　D. 此硬件可小心使用

3. 正常情况下网卡的"LINE"灯应该常亮，此灯代表的含义是（　　）。

　　A. 电源开关

　　B. 数据传输

　　C. 网络的连接

二、操作题

操作题 1：如何排除网卡的硬件故障？

【目标】熟练排除网卡的硬件故障。

【要求】学生独立排除网卡的硬件故障。

操作题 2：如何给计算机安装网卡？

【目标】熟练掌握网卡安装的相关步骤。

【要求】学生独立完成网卡的硬件安装及软件安装。

 评价报告

检测与排除网卡故障评价表，见表 1-6。

表 1-6 检测与排除网卡故障评价表

被考评人					
考评地点					
考评内容		检测与排除网卡故障能力			
考评标准	内 容	分值/分	自我评价/分	小组评议/分	实际得分/分
	安装网卡的方法	25			
	网卡故障的检测	25			
	排除网卡的硬件故障	20			
	排除网卡的软件故障	20			
	了解网卡的工作原理及其它影响网卡工作的因素	10			
合 计		100			

注：1. 实际得分=自我评价40%+小组评议60%。

2. 考评满分为100分，60～74分为及格；75～84分为良好；85分以上为优秀（包括85分）。

项目拓展训练

一、单项选择题（请将最佳选项代号填入括号中）

1. 下列选项中可以使用直通双绞线进行组网的是（　　）。

　　A．电脑—集线器　　　　　　　　B．电脑—电脑

　　C．路由器—路由器　　　　　　　D．交换机—交换机

2. 局域网中的计算机为了相互通信，一般安装（　　）。

　　A．显卡　　　　　B．网卡　　　　　C．声卡　　　　　D．电视卡

3. 可以将网线的外皮剥掉但又不伤及导线的刀口为网线钳上的（　　）。

　　A．压线口　　　　B．剥线口　　　　C．切线口

4. 如果制作一根直通双绞线，一端接口的2号线为橙色，则另一端接口的2号线颜色应为（　　）。

　　A．绿　　　　　　B．橙白　　　　　C．橙　　　　　　D．绿白

5. 在查看网卡运行状态的显示操作中，在"设备管理器"对话框中右键单击网卡，选择（　　）命令。

　　A．"属性"　　　　　　　　　　　B．"更新驱动程序"

　　C．"停用"　　　　　　　　　　　D．"卸载"

二、多项选择题（每题有两个或两个以上的答案，请将正确选项代号填入括号中）

1. 以下使用交叉双绞线可以连通的设备有（　　）。

　　A．电脑—电脑　　　　　　　　　B．电脑—MODEM

　　C．路由器—路由器　　　　　　　D．交换机—交换机

2. 目前为止双绞线的类别包括（　　）。

    A．1 类   B．3 类   C．5 类   D．7 类

3．在制作网络双绞线时所需用到的有（　　　　）等工具。

    A．网线钳   B．双绞线   C．测线器   D．RJ-45 接头

4．影响网卡工作的因素包括（　　　　）。

    A．网卡驱动安装不正确   B．网卡未插到位

    C．与网卡连接的网线出现故障   D．计算机电源出现故障

5．在网卡的属性对话框中，关于驱动程序的操作包括（　　　　）。

    A．驱动程序详细信息   B．更新驱动程序

    C．返回驱动程序   D．卸载

三、判断题（正确的打"√"，错误的打"×"）

1．双绞线是由两条相互绝缘的导线按照一定的规格互相缠绕在一起而制成的一种通用配线。（　　　）

2．网卡只需要安装到计算机里就可以正常工作了。（　　　）

3．T568B 的线序标准从左到右依次为白绿、绿、白橙、蓝、白蓝、橙、白棕、棕。（　　　）

4．在测试双绞线时只需要将双绞线的一端插入测线器即可。（　　　）

5．若网卡的硬件出现故障，可打开机箱，重新拔插网卡或换到其它插槽，必要时需要用纸巾擦拭"金手指"。（　　　）

四、操作题

操作题 1：制作一条交叉双绞线。

【目标】熟练掌握交叉双绞线的制作方法。

【要求】学生独立完成交叉双绞线的制作。

操作题 2：测试双绞线。

【目标】学会检测双绞线的连通性。

【要求】学生独立完成双绞线的连通性测试。

操作题 3：通过 ping 命令检测网卡的连通性。

【目标】学会利用 ping 命令检测网卡。

【要求】学生独立使用 ping 命令检测网卡的连通性。

操作题 4：若"设备管理器"对话框中网卡前方的图标上有红色的"×"，应如何解决？

【目标】学会排查网卡的软件故障。

【要求】学生独立完成网卡的软件安装。

操作题 5：在对一条直通双绞线进行测试时，若灯亮的顺序是一样的，但是两个基本点对应的 2 号灯都不亮，请分析可能是什么问题？应该如何解决？

【目标】分析双绞线测试中的各种故障。

【要求】学生根据测试结果评价双绞线的制作水平，并更正错误。

 项目二　学会 Internet 连接方法

  项目概要

　　本项目介绍了 Internet 连接方法，使学生具备将计算机接入互联网的基本能力。

 项目目标

　　通过本项目的学习，让学生了解接入互联网的方法，能够在不同环境下熟练地将计算机接入互联网。

 项目准备

- 教学设备准备：多媒体网络计算机教室或电子商务实训室。
- 教学组织形式：将学生分成 2～6 人的小组，每组设一名组长。
- 项目课时安排：共 6 课时。

任务 1　通过 ADSL 接入 Internet

情景导入

　　琦琦是一家贸易公司的网络技术人员，公司最近准备尝试在 Internet 上开展商务活动。于是公司到电信局申请了宽带，现在要求琦琦能够使公司的计算机顺利地接入 Internet。

任务目标

- 了解 ISP 的含义及接入 Internet 的不同方法。
- 清楚使用 ADSL 联网时所需要的设备和工具。
- 学会正确安装联网的设备。
- 能够熟练设置操作系统，使计算机顺利联网。

任务步骤

活动一：认识 ADSL 接入设备（见图 2-1）

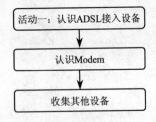

图 2-1　认识 ADSL 接入设备的活动流程

　　步骤 1：认识调制解调器（Modem）。在 Modem 背部有几个端口，它们各自的用途及含义如图 2-2 所示。

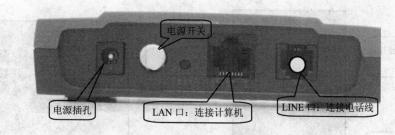

图 2-2　Modem 背部的结构

步骤 2：准备好已安装网卡的计算机、直通双绞线一根、接好水晶头的电话线两条、分离器等设备，如图 2-3 所示。

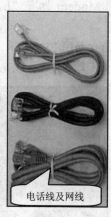
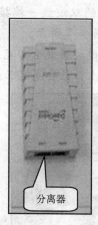

图 2-3　联网所需的设备

活动二：安装 ADSL 设备（见图 2-4）

图 2-4　安装 ADSL 设备的活动流程

步骤 1：将电话线进线从电话机上拔下来，插入分离器标有 "LINE" 字样的接口上，如图 2-5 所示。

步骤 2：将准备好的一根电话线的一端接入分离器的 "PHONE" 接口，另一端接入电话机；将准备好的另一根电话线的一端插入分离器的 "ADSL" 接口，另一端插入 Modem 的 "LINE" 接口，如图 2-6 所示。

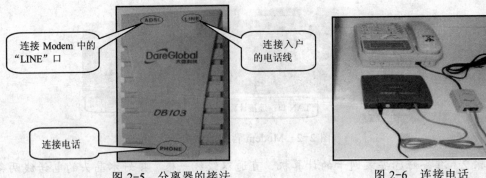

图 2-5 分离器的接法

图 2-6 连接电话

步骤 3：将带有水晶头的双绞线一端接到 Modem 标有 "LAN" 字样的接口上，另一端接到计算机网卡上，如图 2-7 所示。

步骤 4：此时，硬件设备的连接就全部完成了，如图 2-8 所示。之后打开计算机和 Modem 电源，若网络正常，Modem 上一般会亮起三盏灯（即电源、ADSL 线路灯和计算机线路灯）。

图 2-7 网卡接入 Modem

图 2-8 完成硬件连接

活动三：在 Windows XP 系统中建立连接（见图 2-9）

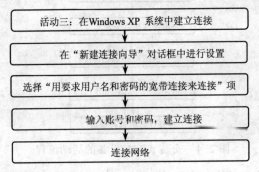

图 2-9 在 Windows XP 系统中建立连接活动的流程

步骤 1：右键单击 "网上邻居" 图标，选择 "属性" 命令。在打开的 "网络连接" 窗口中，单击左上角的 "创建一个新的连接" 项，系统会弹出 "新建连接向导" 对话框，在 "网络连接类型" 中选择 "连接到 Internet" 项，选择设置方式为 "手动设置我的连接"，如图 2-10 所示。

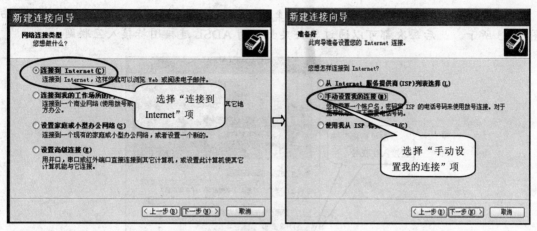

图 2-10　"新建连接向导"对话框

步骤 2：在"新建连接向导"对话框中，选择"用要求用户名和密码的宽带连接来连接"并输入 ISP 名称（此名字为创建桌面快捷方式的名称），如图 2-11 所示。

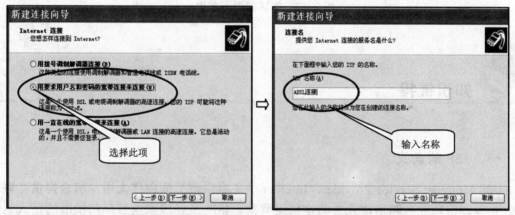

图 2-11　设置"Internet 连接"和"连接名"

步骤 3：在"新建连接向导"对话框中，输入 Internet 帐户信息（由 ISP 提供），并在桌面上创建快捷方式，如图 2-12 所示。

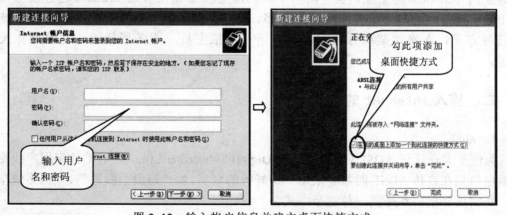

图 2-12　输入帐户信息并建立桌面快捷方式

步骤 4：设置完成连接向导后，双击桌面上的图标，验证是否可以正常拨号，如图 2-13 所示，此后每次都可以通过单击桌面上的 ADSL 连接图标接入互联网。

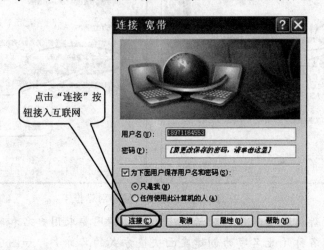

图 2-13　测试能否正常拨号

一、ISP 的含义

ISP（Internet Service Provider，Internet 服务提供商）即向广大用户综合提供互联网接入业务、信息业务和增值业务的电信运营商。ISP 是经国家主管部门批准的正式运营企业，享受国家法律保护。

ISP 提供拨号服务、网上浏览、下载文件、收发电子邮件等服务。它提供的服务分为面向个人和面向企业两类。面向个人的服务主要是用普通 Modem 进行拨号接入或 ISDN 接入。面向企业的服务内容较多，在接入方面主要有 DDN、ISDN 和微波链路三种方式，在网站架构方面有域名申请、虚拟主机、服务器托管、主页制作及发布等。

二、接入 Internet 的方法

1. ADSL

为便于大众认识 ADSL（Asymmetric Digital Subscriber Line，非对称数字用户线路），各地电信局在宣传 ADSL 时常会采用一些好听的名字，如"超级一线通"、"网络快车"等，其实这些指的都是同一种宽带方式。

（1）安装条件：在安装便利性方面，ADSL 无疑拥有得天独厚的优势。ADSL 可直接利用现有的电话线路，通过 ADSL Modem 后进行数字信息传输。因此，凡是安装了电信电话的用户都具备安装 ADSL 的基本条件（只要当地电信局开通 ADSL 宽带服务），用户可到当地电信局查询自己的电话号码是否可以安装 ADSL，得到肯定答复后便可申请安装（一般来讲，电信局会判断你的电话与最近的机房距离是否超过 3km，若超过则无法安装）。安装时，用户需拥有一台 ADSL Modem（通常由电信局提供，也可自行购买）和带网卡的计算机。

（2）优点：工作稳定，出故障的几率较小，一旦出现故障可及时与电信局（如拨打电话 10000）联系，通常能很快得到技术支持并排除故障。电信局会推出不同价格的包月套餐，为用户提供更多的选择。

（3）不足：ADSL 速率偏慢，以 512Kbit/s 带宽为例，最大下载实际速率为 87Kbit/s 左右，即便升级到 1Mbit/s 带宽，也只能达到一百多 Kbit/s。对电话线路质量要求较高，如果电话线路质量不好，易造成 ADSL 工作不稳定或断线。

2．小区宽带（FTTx+LAN）

小区宽带是大中城市目前较普及的一种宽带接入方式，网络服务商采用光纤接入到楼（即 FTTB）或小区（即 FTTZ），再通过网线接入用户家，为整幢楼或小区提供共享带宽（通常是 10Mbit/s）。目前国内有多家公司提供此类宽带接入方式，如网通、长城宽带、联通和电信等。

（1）安装条件：这种宽带接入方式通常由小区出面申请安装，网络服务商不受理个人服务。用户可询问所居住小区的物业管理人员或直接询问当地网络服务商是否已开通本小区宽带。这种接入方式对用户设备要求最低，只需一台带 10/100Mbit/s 自适应网卡的计算机。

（2）传输速率：目前，绝大多数小区宽带均为 10Mbit/s 共享带宽，这意味如果在同一时间上网的用户较多，网速则较慢。即便如此，多数情况的平均下载速度仍远远高于 ADSL，达到了几百 Kbit/s，在速度方面占有较大优势。

（3）优点：初装费用较低（通常在 100～300 元之间，视地区不同而异），下载速度较快，通常能达到上百 Kbit/s，很适合需要经常下载文件的用户。

（4）不足：由于这种宽带接入方式主要针对小区，因此个人用户无法自行申请，必须待小区用户达到一定数量后才能向网络服务商提出安装申请，较为不便。不过，一旦该小区已开通小区宽带，那么从申请到安装所需等待的时间非常短。此外，各小区采用哪家公司的宽带服务由网络运营商决定，用户无法选择。

巩固训练

一、单项选择题（请将最佳选项代号填入括号中）

1．通常计算机要接入互联网，不可缺少的硬件设备是（　　　　）。

A．网络查询工具　　　　　　　B．调制解调器或网卡

C．网络操作系统　　　　　　　D．浏览器

2．调制解调器上的"LINE"口是连接（　　）的。

　　A．电源线　　　B．计算机网卡　　C．分离器　　　　D．电话线

3．在利用 ADSL 接入 Internet 的操作中，打开"新建连接向导"对话框后选择（　　）项，再按要求进行各项操作。

　　A．连接到 Interent　　　　　　B．连接到我的工作场所的网络

　　C．设置家庭或小型办公网络　　D．设置高级连接

二、操作题

操作题 1：在使用 ADSL 接入互联网的活动中，将硬件设备正确连接起来。

【目标】熟练掌握通过 ADSL 接入互联网的硬件连接方法。

【要求】学生每人独立完成硬件的连接。

操作题 2：在 Windows XP 系统中建立网络连接。

【目标】熟练掌握 Windows XP 系统的软件设置。

【要求】学生独立完成在 Windows XP 系统中建立网络连接。

评价报告

通过 ADSL 接入 Interent 评价表，见表 2-1。

表 2-1　通过 ADSL 接入 Interent 评价表

被考评人					
考评地点					
考评内容	通过 ADSL 接入 Interent 能力				
考评标准	内　　容	分值/分	自我评价/分	小组评议/分	实际得分/分
	清楚使用 ADSL 联网所需要的设备和工具	25			
	学会正确安装联网的设备	30			
	能够熟练设置操作系统，使计算机顺利联网	30			
	了解 ISP 的含义及联网的不同方式	15			
	合　　计	100			

注：1．实际得分=自我评价 40%+小组评议 60%。

　　2．考评满分为 100 分，60～74 分为及格；75～84 分为良好；85 分以上为优秀（包括 85 分）。

任务 2　通过局域网接入 Internet

情景导入

　　琦琦在贸易公司中负责维护网络的正常运行。公司在尝试了一段时间的电子商务后认为效果很好，想让公司的所有计算机都接入 Internet 中，并且使计算机组成局域网，这就要求她掌握通过局域网接入 Internet 的方法。

任务目标

- 掌握双网卡硬件连接的方法。
- 学会利用双网卡实现局域网接入 Internet。
- 能够正确连接路由器和计算机等相关设备。
- 掌握利用路由器实现局域网共享接入 Internet。

任务步骤

活动一：利用双网卡实现局域网接入 Internet（见图 2-14）

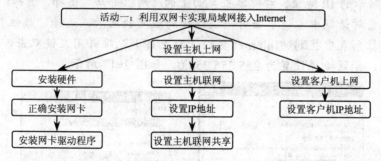

图 2-14　利用双网卡实现局域网接入 Internet 活动的流程

1. 安装硬件

　　步骤 1：在作为主机的计算机上安装两块网卡，其中一块网卡用直通双绞线连接 Internet，另一块网卡利用交叉双绞线连接另一台需要上网计算机的网卡，如图 2-15 所示。

　　步骤 2：给两台计算机的三块网卡安装网卡驱动程序，步骤在项目一的任务二中已作介绍。

图 2-15　双网卡连接示意图

2. 设置主机上网

步骤 1：按照本项目任务一中活动三的方法建立连接，使主机能够接入 Internet，同时在最后一步中勾选"任何用户从这台计算机连接到 Internet 时使用此帐户名和密码"项和"把它作为默认的 Internet 连接"项，如图 2-16 所示。

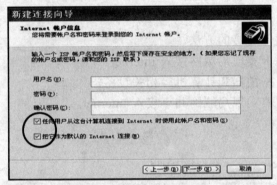

图 2-16　完成网络设置

步骤 2：主机中的一块网卡用来连接 Internet，另一块网卡用来组建局域网，在设置共享前，设置网卡的 IP 地址。右键单击桌面上的"网上邻居"图标，选择"属性"选项，在网络连接设置对话框中右键单击另一块连接局域网的网卡，选择"属性"选项，在弹出对话框的下拉列表中找到"Internet 协议（TCP/IP）"项并用左键双击，将 IP 地址设为 192.168.0.1，子网掩码设置为 255.255.255.0，如图 2-17 所示。

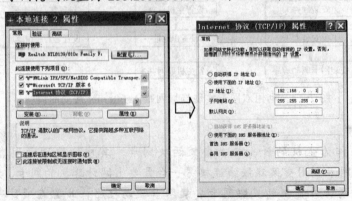

图 2-17　设置局域网 IP 地址

步骤 3：在网络连接界面中多了一个宽带连接的图标，右键单击宽带连接图标，选择"属性"项，在弹出的"宽带 属性"对话框中选择"高级"选项卡并开启在局域网中共享这个宽带连接的功能，如图 2-18 所示。

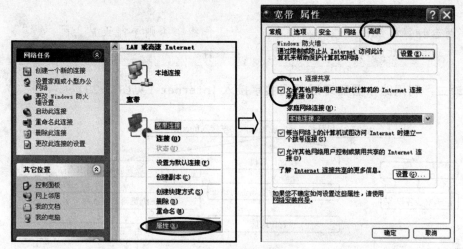

图 2-18 设置共享网络

3. 设置客户机上网

步骤 1：在客户机上正确安装网卡驱动程序，右键单击"网上邻居"图标的"属性"选项，在弹出的界面中，双击"Interent 协议（TCP/IP）"项设置 IP 地址为 192.168.0.2，子网掩码设置为自动生成，默认网关设置为主机的 IP：192.168.0.1，如图 2-19 所示。

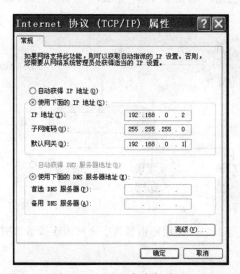

图 2-19 设置客户机上网

步骤 2：完成设置后单击"确定"按钮进行保存，当保存完成后，这台客户机就可以通过主机的共享服务来上网了。

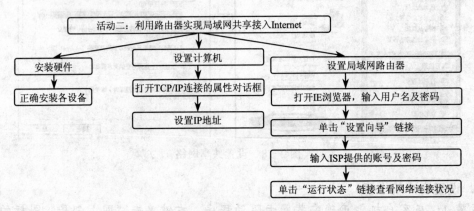

> **温馨提示**
>
> 1）两台计算机的局域网 IP 地址不能重复，否则会因为 IP 地址冲突而不能上网。
>
> 2）网络中的计算机名不能重复。
>
> 3）两台计算机组建局域网必须在同一个工作组，否则不能正常上网。
>
> 4）主机能正常联网是客户机上网的前提条件。

活动二：利用路由器实现局域网共享接入 Internet（见图 2-20）

图 2-20　利用路由器实现局域网共享接入 Internet 活动的流程

1. 安装硬件

步骤：将 ADSL Modem、路由器和需要上网的计算机按图 2-21 的方式使用直通双绞线连接起来。

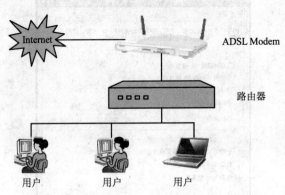

图 2-21　使用路由器共享上网的连接示意图

2. 设置计算机

步骤 1：打开计算机，在桌面上右键单击"网上邻居"图标选择"属性"选项，在弹出的"网络连接"界面中找到连接路由器的本地连接图标，右键单击它并选择"属性"选项，从下拉列表中找到"Internet 协议（TCP/IP）"项，左键双击打开 TCP/IP 连接的属性对话框，如图 2-22 所示。

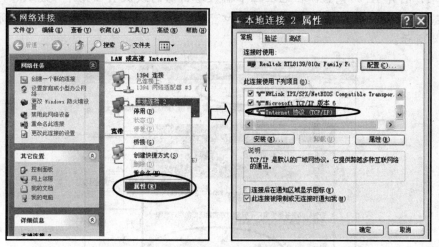

图 2-22 打开 TCP/IP 连接的属性对话框

步骤 2：在打开的 TCP/IP 属性对话框中指定一个 IP 地址，IP 设为 192.168.1.X，其中 X 为 2～254 中的任意一个数；子网掩码是默认的；默认网关设置为路由器默认 IP：192.168.1.1；DNS 由所在的网络服务器 IP 决定，若不清楚则不填，如图 2-23 所示。

图 2-23 设置 IP 地址

> 🔔 温馨提示
>
> 路由器的品牌较多，有 TP-Link、阿尔法、腾达等，不同品牌的路由器的默认 IP 不一样，如阿尔法的默认 IP 是"192.168.10.1"，也有些路由器的默认 IP 为"192.168.18.1"、"192.168.1.1"等，在安装时务必看清路由器的默认 IP 地址。

3．设置局域网路由器

步骤 1：打开 IE 浏览器，在地址栏中输入路由器的默认 IP 地址：192.168.1.1，然后按回车键。在弹出的对话框中输入用户名和密码（均为"admin"，由路由器厂商提供），如图 2-24 所示。

图 2-24　输入用户名及密码

步骤 2：在路由器页面中单击左上角的"设置向导"链接来设置宽带帐号和密码，如图 2-25 所示。

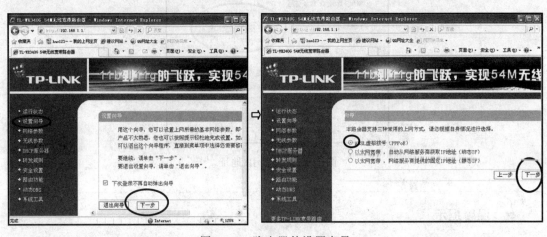

图 2-25　路由器的设置向导

步骤 3：输入 ISP 提供的帐户和密码，单击"完成"按钮，如图 2-26 所示。
步骤 4：单击"运行状态"链接可观察网络连接状况，如图 2-27 所示。

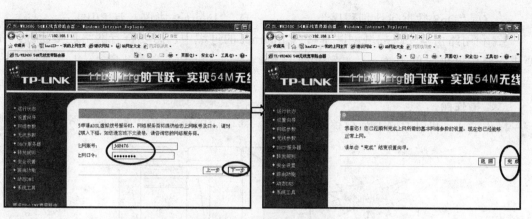

图 2-26　完成路由器设置

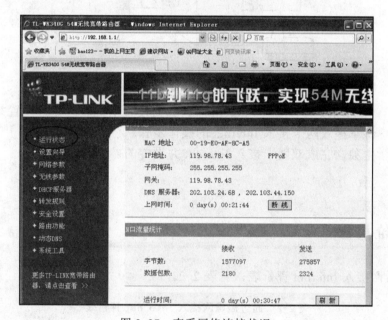

图 2-27　查看网络连接状况

巩固训练

一、单项选择题（请将最佳选项代号填入括号中）

1. 两台计算机组建局域网接入 Interent，使用双网卡的方法，一共需要（　　）块网卡。

　A. 1　　　　　　　　B. 2　　　　　　　　C. 3　　　　　　　　D. 4

2. 在设置 TCP/IP 地址操作时，在本地连接的属性对话框中选择（　　）选项。

　A."Microsoft 网络客户端"　　　　　　B."Microsoft 网络的文件和打印机共享"

C. "QoS 数据包计划程序"　　　　　D. "Internet 协议（TCP/IP）"

3．利用路由器实现局域网共享接入 Internet 的过程中，想要查看网络连接状况，需要进入路由器页面单击（　　）链接来查看。

    A. "运行状态"　B. "设置向导"　　　C. "网络参数"　　　D. "路由功能"

二、操作题

操作题 1：利用双网卡如何连接 Internet，请完成硬件连接图（见图 2-28）。

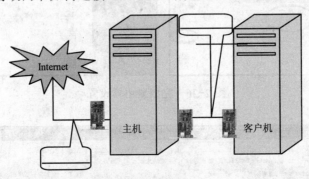

图 2-28　硬件连接图

操作题 2：在利用双网卡接入 Interent 时，如何设置主机联网并且设置共享功能？

【目标】熟练掌握双网卡接入 Internet 的操作步骤。

【要求】学生独立完成双网卡接入 Interent 并设置的操作。

 **评价报告**

通过局域网接入 Internet 评价表，见表 2-2。

表 2-2　通过局域网接入 Internet 评价表

被考评人					
考评地点					
考评内容	通过局域网接入 Internet 能力				
考评标准	内　　容	分值/分	自我评价/分	小组评议/分	实际得分/分
	双网卡硬件连接的方法	25			
	利用双网卡的设置接入 Internet	25			
	正确连接路由器和计算机等相关设备	25			
	利用路由器实现局域网共享接入 Internet	25			
合　　计		100			

注：1．实际得分=自我评价 40%+小组评议 60%。

    2．考评满分为 100 分，60～74 分为及格；75～84 分为良好；85 分上为优秀（包括 85 分）。

项目拓展训练

一、单项选择题（请将最佳选项代号填入括号中）

1．将两台计算机联网，以下不能实现的方式是（　　　）。

　　A．网卡对网卡，通过双绞线连接

　　B．两台计算机的网卡分别通过双绞线连到路由器上

　　C．两台计算机的网卡分别通过双绞线连到交换机上

　　D．显卡对显卡，通过 RGB 线连接

2．当个人计算机以拨号方式接入 Internet 时，必须使用的设备是（　　　）。

　　A．路由器　　　　　　　　　　　B．调制解调器（Modem）

　　C．电话机　　　　　　　　　　　D．交换机

3．在使用双网卡联网，设置主机为 Interent 共享时，应右键单击"宽带连接"图标，选择（　　）选项来进行设置。

　　A．"状态"　　　B．"断开"　　　C．"属性"　　　D．"重命名"

4．如果想要对路由器进行联网帐号设置，则可以通过（　　）来进行操作。

　　A．单击桌面图标　　　　　　　　B．浏览器输入路由器页面 IP

　　C．重启计算机　　　　　　　　　D．单击"我的电脑"图标

二、多项选择题（每题有两个或两个以上的答案，请将正确选项代号填入括号中）

1．利用 ADSL 联网时，所需要使用的设备有（　　　）。

　　A．ADSL Modem　　　　　　　　　B．双绞线

　　C．分离器　　　　　　　　　　　D．电话机及电话线

2．ADSL 连接正常时，Modem 上的（　　　）灯会亮起。

　　A．POWER　　　B．LINE　　　　C．ACT　　　　　D．TEST

3．在使用双网卡方法接入 Interent 时，客户机不能正常联网，可能存在的原因有（　　　）。

　　A．两台计算机设置了同样的 IP 地址

　　B．两台计算机使用了同一个计算机名

　　C．两台计算机使用了同一个工作组名

　　D．主机电源未开

4．在使用默认 IP 地址为"192.168.1.1"的路由器接入 Internet 时，想要联网的计算机的 IP 地址可以设置为（　　　）。

　　A．192.168.1.1　　　　　　　　　B．192.168.1.56

　　C．192.168.1.225　　　　　　　　D．192.168.1.266

三、判断题（正确的打"√"，错误的打"×"）

1．能唯一标识互联网中每一台主机的是 IP 地址。　　　　　　　　（　　）

2．通过 ADSL 接入 Interent 可以不需要帐号和密码。　　　　　　（　　）

3．在双网卡连接上网的情况下，若客户机没有接入 Internet，则主机也无法接入 Internet。　　　　　　　　　　　　　　　　　　　　　　　　　（　　）

4．在查看路由器状态时，可以单击路由器页面中的"运行状态"链接。（　　）

5．一般情况下，直接利用 ADSL 接入 Internet 时只允许有一台计算机接入互联网。　　　　　　　　　　　　　　　　　　　　　　　　　　　（　　）

四、操作题

操作题 1：想使三台计算机能够同时通过 ADSL 上网，利用路由器该如何布线？

【目标】熟练掌握利用路由器连接 Interent 的布线方法。

【要求】学生独立完成利用路由器的布线操作。

操作题 2：利用双网卡方法联网时，客户机应如何设置？

【目标】熟练掌握利用双网卡方法联网时客户机的设置方法。

【要求】学生独立完成客户机的相关设置。

操作题 3：如何设置路由器，使其能通过 ADSL 拨号上网？

【目标】熟练掌握路由器的设置。

【要求】学生独立完成通过 ADSL 拨号上网中路由器的设置操作。

操作题 4：如何使计算机与路由器连接，并对其进行设置？

【目标】熟练掌握计算机与路由器的连接方法。

【要求】学生独立完成计算机与路由器的连接并进行相关设置。

项目三　应用交换机技术

项目概要

本项目介绍了交换机的配置方法、配置模式、基本配置命令，以及使用交换机组建局域网的方法和交换机常见故障的排除方法，让学生具备安全、规范使用交换机以及组建局域网的基本操作能力。

项目目标

通过本项目的学习，让学生掌握通过 Console 端口配置交换机的方法，能够熟练操作及应用交换机的几种基本配置命令，使用交换机组建局域网，使用各种工具排除常见的交换机故障的基本能力。

项目准备

- 教学设备准备：多媒体网络计算机教室或计算机网络实训室。
- 教学组织形式：将学生分成 2～6 人的小组，每组设一名组长。
- 项目课时安排：共 8 课时。

任务1 连接和配置交换机

情景导入

琦琦是一家服装公司的网络技术人员,随着公司内部计算机的增多,公司领导希望建立公司自己的局域网,在进行计算机管理的同时,还可以进行资料的共享等。于是公司增设了一台交换机并交给琦琦,希望琦琦利用交换机对公司的计算机进行统一管理。这就要求琦琦学会管理配置交换机,知道基本的交换机配置模式以及命令,并学会使用Console端口对交换机进行简单的配置。

任务目标

- 学会使用Console端口对交换机进行配置。
- 理解交换机的配置模式。
- 熟练配置交换机的主机名和管理IP地址。

任务步骤

活动一:学会交换机的配置方法(见图3-1)

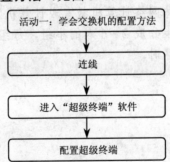

图3-1 学会交换机的配置方法活动流程

步骤1:使用Console线(见图3-2)连接计算机的COM端口(见图3-3)和交换机的Console端口(见图3-4)。

图 3-2 Console 线

图 3-3 计算机的 COM 端口

图 3-4 交换机的 Console 端口

步骤 2：选择计算机左下角的"开始"→"程序"→"附件"→"通讯"→"超级终端"，如图 3-5 所示。

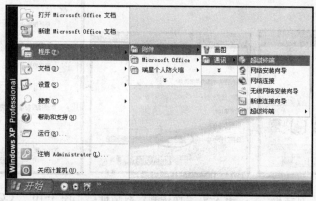
图 3-5 选择"超级终端"软件

步骤 3：进入超级终端配置窗口，如果是第一次打开"超级终端"软件，将会出现"位置信息"对话框，选择国家为"中华人民共和国"，输入区号（以武汉的区号 027 为例），如图 3-6 所示。

步骤 4：单击"确定"按钮，在弹出的"电话和调制解调器选项"对话框中不用进行配置，单击"确定"按钮即可，如图 3-7 所示。

图 3-6 选择国家并输入区号

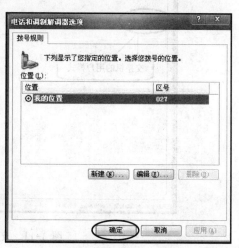
图 3-7 "电话和调制解调器选项"对话框

41

步骤 5：在"连接描述"对话框的"名称"文本框中输入名称（数字和英文字符都可以），如图 3-8 所示。

步骤 6：单击"确定"按钮后会弹出"连接到"对话框，在"连接时使用"框中选择"COM1"项，如图 3-9 所示。

步骤 7：单击"确定"按钮后会弹出"COM1 属性"对话框，将"每秒位数"设置为"9600"，将"数据位"设置为"8"，将"奇偶校验"设置为"无"，将"停止位"设置为"1"，将"数据流控制"设置为"无"，如图 3-10 所示。

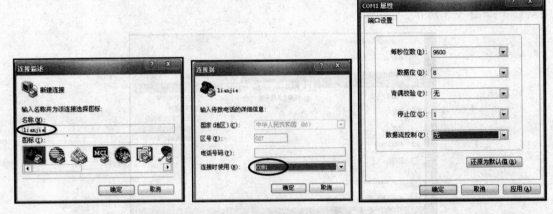

图 3-8 "连接描述"对话框   图 3-9 "连接到"对话框   图 3-10 "COM1 属性"对话框

步骤 8：单击"确定"按钮后会显示"超级终端"窗口，按下回车键进入交换机的用户模式，如图 3-11 所示。

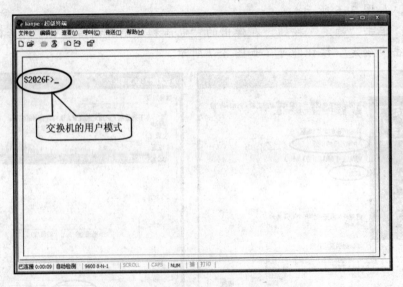

图 3-11 交换机的用户模式

活动二：学会交换机的基本配置（见图 3-12）

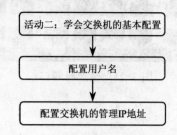

图 3-12 学会交换机的基本配置活动流程

步骤 1：在默认情况下，交换机的主机名是"Switch"。为了区别交换机，可以在全局配置模式下使用 hostname 命令来配置交换机的主机名，如图 3-13 所示。

Switch>enable	—— 用户模式进入特权模式
Switch #configure terminal	—— 特权模式进入全局配置模式
Switch(config)#hostname　sw1	—— 配置交换机的主机名为 sw1
SW1(config)#exit	—— 退出全局配置模式

图 3-13 配置交换机的主机名

步骤 2：配置交换机的管理 IP 地址，如图 3-14 所示。

Switch(config)#interface vlan 1	—— 在全局配置模式下进入交换机的 vlan1 端口
Switch(config-if)#ip address 192.168.1.1　255.255.255.0	
	——设置 vlan1 的 IP 地址和子网掩码
Switch(config-if)#no shutdown	——激活 vlan1 端口
Switch(config-if)#exit	——返回到全局配置模式
Switch#show vlan	——查看 vlan 端口配置信息

图 3-14 配置交换机的管理 IP 地址

 知识链接

一、认识交换机

交换机是从传统的集线器发展而来的，目的是为了减少传统集线器连接网络的冲突，提高网络的利用效率。交换机是一个简化、低价、高性能和多端口密集的网络互联设备，是目前组建局域网不可缺少的设备之一。如图 3-15 是一个 24 端口的交换机，24 端口旁是 Console 端口。

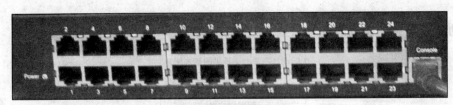

图 3-15 交换机端口

二、交换机的配置模式

1. 交换机的管理模式

交换机的管理分为几种不同的模式，见表 3-1。

表 3-1 交换机的几种模式

模　　式		提　示　符
用户模式		Switch>
特权模式		Switch#
配置模式	全局配置模式	Switch(config)#
	接口模式	Switch(config-if)#
	vlan 模式	Switch(config-vlan)#

在用户模式下，只有少量的命令；要想使用更多的命令管理交换机，就要进入特权模式，由用户模式进入特权模式的命令是 enable；在特权模式下，输入命令：configure terminal 进入全局配置模式，在全局配置模式下可以使用更多的命令来管理交换机。

2. 交换机配置模式的转换

交换机配置模式的转换，见表 3-2。

表 3-2 交换机几种模式的转换命令

模　　式	进　入　模　式	离　开　模　式
用户模式	进入交换机即处在用户模式	
特权模式	在用户模式下输入 enable	exit 回到用户模式
全局配置模式	在特权模式下输入 configure terminal	exit 或 end 回到特权模式
接口模式	在全局配置模式下输入 interface	exit 回到全局配置模式，end 回到特权模式

巩固训练

一、单项选择题（请将最佳选项代号填入括号中）

1. 在交换机的特权模式下，（　　）命令可以进入全局配置模式。

    A．configure terminal   B．enable

    C．exit   D．end

2. 退出全局配置模式命令不包括（ ）。

    A．end   B．exit   C．out   D．Ctrl+z

3. 使用（ ）命令可以配置交换机的名字。

    A．name   B．hostname   C．username   D．passname

二、操作题

操作题：配置交换机的主机名和 vlan1 的 IP 地址。

【目标】 熟练掌握配置交换机的主机名和管理 IP 地址。

【要求】

（1）配置交换机的主机名为 SW1。

（2）配置交换机的管理 IP 地址为 192.168.10.1，子网掩码为 255.255.255.0。

评价报告

连接和配置交换机评价表，见表 3-3。

表 3-3　连接和配置交换机评价表

被考评人					
考评地点					
考评内容		连接和配置交换机能力			
考评标准	内　容	分值/分	自我评价/分	小组评议/分	实际得分/分
	交换机不同模式的转换	15			
	利用 Console 端口管理交换机	30			
	配置交换机的名字	25			
	管理交换机的 IP 地址	30			
合　计		100			

注：1. 实际得分=自我评价 40%+小组评议 60%。

    2. 考评满分为 100 分，60～74 分为及格；75～84 分为良好；85 分以上为优秀（包括 85 分）。

任务 2　使用交换机组建局域网

情景导入

    琦琦所在服装公司的计算机越来越多，目前有将近 20 台，同事之间常常要传递一些资料，于是需要将公司内部的计算机组建成一个局域网，让部门之间共享数据更为便捷。

- 掌握使用交换机组建局域网的步骤。
- 熟练掌握为局域网的计算机配置 IP 地址和子网掩码。
- 学会使用 ping 命令测试网络中计算机的连通性。

活动：使用交换机组建局域网（见图 3-16）

图 3-16　使用交换机组建局域网活动的流程

步骤 1：根据项目一中双绞线的制作方法，为本活动制作 3 根直通双绞线（以 3 台计算机为例，使用交换机组建局域网）。

步骤 2：在工作台上摆放好交换机和 3 台计算机，注意让交换机的端口正对着自己。

步骤 3：组建局域网拓扑图如图 3-17 所示。使用制作好的直通双绞线依次连接计算机的 RJ-45 端口（网卡端口）和交换机的端口。连线时注意为计算机编号，并记录计算机连接交换机的端口号，以方便管理计算机。

这里，PC1 连接交换机的 1 号端口，PC2 连接交换机的 2 号端口，PC3 连接交换机的 3 号端口。接线时按住双绞线上水晶头的卡片，插入时会听到清脆的"咔"声，轻轻抽回时不出现松动，这样就接好网线了。

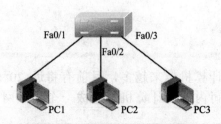

图 3-17　组建局域网拓扑图

步骤 4: 启动交换机和计算机,观察交换机刚启动和启动完毕时端口灯的颜色。

刚启动时,交换机的电源指示灯亮,所有端口灯处于红色并不断闪烁,这时交换机在检查端口的状态;启动结束后,交换机接线的端口灯处于绿色(没接线的端口灯不亮),表示线路连通。

步骤 5: 为计算机配置 IP 地址和子网掩码。以 PC1 为例,设置步骤如下:

1)在 PC1 上,选择"开始"→"设置"→"网络连接"→"本地连接 2",如图 3-18 所示。

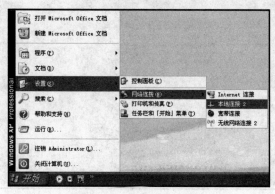

图 3-18 打开本地连接

2)打开本地连接属性对话框,双击"Internet 协议(TCP/IP)"选项,如图 3-19 所示。

3)弹出"Internet 协议(TCP/IP)属性"对话框,设置如图 3-20 所示。

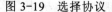

图 3-19 选择协议

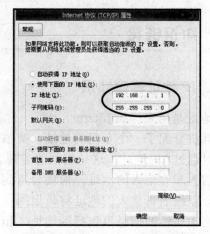

图 3-20 设置 IP 地址和子网掩码

步骤 6: 依次为 PC2、PC3 设置 IP 地址和子网掩码。3 台计算机的 IP 地址规划见表 3-4。

表 3-4 IP 地址规划

设　　备	IP 地　址	子 网 掩 码
PC1	192.168.1.1	255.255.255.0
PC2	192.168.1.2	255.255.255.0
PC3	192.168.1.3	255.255.255.0

步骤 7：使用 ping 命令测试网络的连通性。以 PC1 为例，单击"开始"→"运行"，打开"运行"对话框输入"cmd"，并单击"确定"按钮。

步骤 8：打开"命令提示符"窗口，输入"ping 192.168.1.2"，如果 PC1 与 PC2 连通，则会有数据返回，如图 3-21 所示。

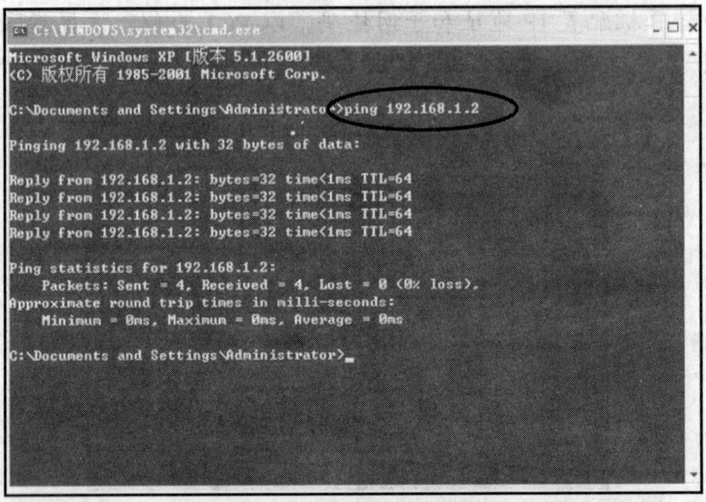

图 3-21　PC1 与 PC2 连通

步骤 9：分别在 PC2 和 PC3 上使用 ping 命令来测试网络的连通性。

知识链接

一、IP 地址基础知识

IP 地址是用来标识 Internet 上每一台计算机的唯一的逻辑地址。人们给 Internet 上每一台计算机分配了一个专门的地址，类似于电话号码，电话通信时通过电话号码，计算机通信时通过 IP 地址，这是相似的道理。IP 地址传输信息的过程就像邮局寄信一样，写明寄信人和收信人的地址，信就会寄到收信人地址处，如果收信地址写错了或者地址有变动，就按照寄信人的地址将信退回；IP 地址传输信息也是相似的过程，基于 IP 协议在网络中传输的信息里包括源地址（相当于寄信人地址）和目的地址（相当于收信人地址），让网络设备知道传输的信息将要传输到网络的哪一台主机上。

二、IP 地址的表示与分类

IP 地址用 32 位二进制数字表示，分为 4 组，每组由 8 位二进制数字组成，为了方便使用，将二进制数字用十进制数字表示，每组数字之间用点号隔开，如 172.16.10.1。最小的 IP 地址为 0.0.0.0，最大的 IP 地址为 255.255.255.255，但是这两个 IP 地址是保留不用的。

IP 地址分网络号和主机号，网络号表示从属的网络标识，主机号表示在网络中的一台主机标识。网络号类似于电话号码中的区号。使用网络号和主机号就可以保证 IP 地址的全球唯一性。IP 地址根据网络规模分为五类，后两类保留不作为 IP 地址的编号。前三类 IP 地址分类，见表 3-5。

表 3-5　IP 地址分类

IP 地址类型	第一个数的范围	网络号位数
A	介于 1～126 之间	前 8 位
B	介于 128～191 之间	前 16 位
C	介于 192～223 之间	前 24 位

三、子网掩码

IP 地址的网络号和主机号是如何划分的呢？这就是子网掩码的作用，在 IP 地址中是通过子网掩码来决定网络号和主机号的。用 1 代表网络部分，用 0 代表主机部分，子网掩码的分类见表 3-6。

表 3-6　子网掩码的分类

IP 地址类型	二进制位的掩码	十进制的掩码
A	11111111.00000000.00000000.00000000	255.0.0.0
B	11111111.11111111.00000000.00000000	255.255.0.0
C	11111111.11111111.11111111.00000000	255.255.255.0

巩固训练

一、单项选择题（请将最佳选项代号填入括号中）

1. 在本任务的活动中，三台计算机的 IP 地址不能设置为（　　）。
   A．192.168.10.1　　　　　　　　　　B．192.168.2.23
   C．192.168.2.24　　　　　　　　　　D．192.168.2.25

2. 测试网络连通性使用的命令是（　　）。
   A．pinf　　　　　B．cmd　　　　　C．ping　　　　　D．pinng

3. 在本任务的活动中，要将 PC3 隔离，下面操作不正确的是（　　）。
   A．将 PC3 的 IP 地址设置为 172.16.10.3
   B．将 PC3 的 IP 地址设置为 192.168.10.3
   C．将 PC3 的 IP 地址设置为 192.168.100.3
   D．将 PC3 的 IP 地址设置为 192.168.1.3

二、操作题

操作题 1：将本任务活动中 PC3 的 IP 地址改为 192.168.2.3,子网掩码设置为 255.255.255.0,

并测试网络的连通性。

【目标】学会网络连通性的测试。

【要求】学生独立完成 IP 地址的修改，并测试网络的连通性。

操作题 2：按照图 3-22 的拓扑结构组建网络，并测试网络的连通性。设备和连接说明见表 3-7。

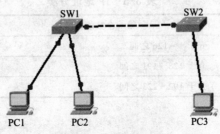

图 3-22　拓扑结构

表 3-7　设备和连接说明表

设　　备	连接说明
交换机 1（SW1）	1 号端口接 PC1；2 号端口接 PC2；24 号端口接 SW2
交换机 2（SW2）	1 号端口接 PC3；24 号端口接 SW1
PC1	IP 地址为 192.168.1.1，子网掩码为 255.255.255.0
PC2	IP 地址为 192.168.1.2，子网掩码为 255.255.255.0
PC3	IP 地址为 192.168.1.3，子网掩码为 255.255.255.0

【目标】学会组建局域网并测试局域网的连通性。

【要求】学生独立完成局域网的组建并测试网络的连通性。

 **评价报告**

使用交换机组建局域网评价表，见表 3-8。

表 3-8　使用交换机组建局域网评价表

被考评人					
考评地点					
考评内容	使用交换机组建局域网能力				
考评标准	内　　容	分值/分	自我评价/分	小组评议/分	实际得分/分
	网线的制作	15			
	局域网的连线	30			
	计算机 IP 地址和子网掩码的设置	30			
	ping 命令的使用	25			
合　　计		100			

注：1. 实际得分=自我评价 40%+小组评议 60%。

　　2. 考评满分为 100 分，60~74 分为及格；75~84 分为良好；85 分以上为优秀（包括 85 分）。

任务3 排除交换机的常见故障

情景导入

琦琦解决了组建局域网的问题后受到了大家的表扬，但是好景不长，网络突然出现了状况，编号为 PC1 的计算机经常无法连通，琦琦该如何排除这些网络故障呢？

任务目标

● 知道排除交换机故障的方法与步骤。
● 掌握使用 show run 等命令查看交换机相关的配置。
● 理解 no shutdown 命令与 shutdown 命令的区别。

任务步骤

活动：排除局域网中计算机无法连通的故障（见图3-23）

图 3-23 排除局域网中计算机无法连通的故障活动的流程

步骤1：检查交换机的电源。如果面板上的 Power 指示灯不亮，证明交换机的电源出现了故障，而现在 Power 指示灯处于绿色状态，而且可以听到风扇转动的声音，证明交换机的电源是正常的。

> **温馨提示：**
>
> 　由于外部电源不稳定、电源线路老化、雷击等原因导致电源损坏或者风扇停止，都会影响电源的工作。通过查看 Power 指示灯和听有没有风扇的转动声可以判断电源是否存在问题。

　　步骤 2：检查交换机的端口。琦琦公司使用的是 24 口快速以太网端口的交换机，由于琦琦在组建局域网时作了记录，PC1 连接的是交换机的 1 号端口。现在要检查 1 号端口的指示灯是否处于绿色。通过检查，1 号端口的指示灯不亮，可能有以下 3 种原因：一是网线故障，二是计算机网卡故障，三是交换机端口配置故障。下面依次来排查，看看故障是由于什么原因导致的。

　　步骤 3：使用测线仪测试网线，发现网线没问题。

　　步骤 4：使用网线连接计算机的网卡端口和交换机的正常端口，发现网卡端口指示灯处于绿色，说明网卡没有问题；检查 IP 地址的设置，也没有问题。

　　步骤 5：经过步骤 3 和步骤 4 的检测，可以判断网络的故障出现在交换机的端口上。现在来查看交换机端口的配置。在 PC2 上通过"超级终端"软件进入交换机的配置窗口，在全局配置模式下使用 show run 命令查看交换机的配置情况，如图 3-24 所示。

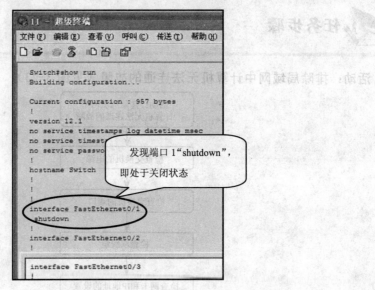

图 3-24　show run 命令

　　步骤 6：由步骤 5 的查看情况可知，端口 1 处于"shutdown"状态，即关闭状态，这就是 PC1 不通的原因，现在要使用 no shutdown 命令来激活 1 号端口，如图 3-25 所示。

```
S2026F#conf
Enter configuration commands, one per line.  End with CNTL/Z.
S2026F(config)#int
S2026F(config)#interface fa
S2026F(config)#interface fastEthernet 0/1
S2026F(config-if)#no shutdown
S2026F(config-if)#exit
```

图 3-25　激活 1 号端口

步骤7：在 PC1 上测试与 PC2 的连通性，如图 3-26 所示。

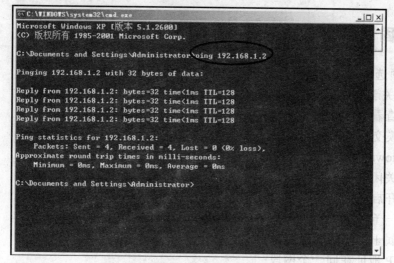

图 3-26　测试 PC1 与 PC2 的连通性

 知识链接

一、交换机硬件故障

1. 电源故障

电源故障可以通过看和听来辨别。Power 指示灯处于绿色，且风扇有转动声，则证明电源正常。交换机电源出现问题一般是由于供电电压不稳、电源线老化、雷击等原因。因此，针对这些故障要做好防范工作，如提供稳压器解决电源不稳的问题，交换机机房设置防雷装置等。如果交换机电源已损坏，就要考虑及时更换的问题。

2. 端口故障

交换机的端口分为固定端口和活动式模块端口。交换机的端口发生故障的频率比较高，因为在使用网线插拔的时候，力量过大往往会损坏交换机的端口。通过观察端口的指示灯，可以直观地判断出端口是否损坏。如果损坏，要及时检修或更换。

3. 线缆的故障

如端头没接紧，在操作时顺序不对或者不规范，这类错误会直接导致网络故障。

二、交换机软件故障——配置问题

管理人员配置路由器出现错误，也会使网络出现故障，一般使用 show run 命令来查看管理人员配置的相关参数。如果配置存在错误，则建议将系统恢复到出厂设置，再重新进行配置。

巩固训练

一、**单项选择题**（请将最佳选项代号填入括号中）

1．下面关于检查交换机电源的说法中不对的是（　　　）。

　　A．查看 Power 指示灯　　　　　　　　B．听风扇的声音

　　C．摸交换机的外壳温度　　　　　　　D．Power 指示灯处于绿色

2．shutdown 命令表示（　　）。

　　A．关闭交换机电源　　　　　　　　　B．关闭交换机端口

　　C．开启交换机端口　　　　　　　　　D．开启交换机电源

3．同接一台交换机的两台计算机能 ping 通，可能是（　　　）。

　　A．属于不同的网段

　　B．IP 地址在同一个网段

　　C．IP 地址不在一个网段

　　D．一台通过网线连接交换机，一台通过 Console 线连接交换机

二、**操作题**

操作题 1：如何检查交换机的故障？

【目标】学会交换机常见故障的检查方法。

【要求】学生独立完成交换机故障的检查。

操作题 2：如何检查局域网的故障？

【目标】学会局域网常见故障的检查。

【要求】学生独立完成局域网常见故障的检查。

 评价报告

排除交换机的常见故障评价表，见表 3-9。

表 3-9　排除交换机的常见故障评价表

被考评人					
考评地点					
考评内容	排除交换机的常见故障能力				
考评标准	内　容	分值/分	自我评价/分	小组评议/分	实际得分/分
	检查交换机电源的方法	20			
	检查交换机端口的方法	30			
	no shutdown 命令的应用	30			
	使用 show run 命令	20			
合　　计		100			

注：1．实际得分=自我评价 40%+小组评议 60%。

　　2．考评满分为 100 分，60～74 分为及格；75～84 分为良好；85 分以上为优秀（包括 85 分）。

项目拓展训练

一、单项选择题（请将最佳选项代号填入括号中）

1. 下面不是交换机配置模式的是（　　　）。

　　A．用户模式　　　B．特权模式　　　　C．vlan 模式　　　　D．telnet 模式

2. 为 vlan 1 配置 IP 地址应在（　　　）下。

　　A．接口模式　　　B．特权模式　　　　C．vlan 模式　　　　D．全局配置模式

3. 关闭交换机端口的命令是（　　　）。

　　A．no shutdown　B．shut　　　　　　C．down　　　　　　D．shutdown

二、多项选择题（每题有两个或两个以上的答案，请将正确选项代号填入括号中）

1. 让连接在同一台交换机上的两台计算机通信的方法是（　　　）。

　　A．IP 地址在同一网段

　　B．IP 地址在不同网段

　　C．计算机连接交换机的端口在不同 vlan

　　D．计算机接交换机的普通端口，IP 地址在同一网段

2. 交换机的配置模式有（　　　）

　　A．特权模式　　　B．接口模式　　　　C．配置模式　　　　D．vlan 模式

三、判断题（正确的打"√"，错误的打"×"）

1. 交换机的配置模式有三种。　　　　　　　　　　　　　　　　　　　（　　　）

2. 使用交叉双绞线将两台 24 端口交换机的 1 号端口连接起来，这样就变成了一个
46 端口的交换机。　　　　　　　　　　　　　　　　　　　　　　　　（　　　）

3. show run 命令是在特权模式下使用的。　　　　　　　　　　　　　　（　　　）

四、操作题

操作题 1：如何从用户模式进入全局配置模式？如何从全局配置模式进入接口模式？

【目标】学会交换机几种模式的切换。

【要求】学生独立完成交换机几种模式的切换。

操作题 2：如何让连接在同一台交换机上的两台计算机不能通信？

【目标】学会局域网 IP 地址设置的作用。

【要求】学生独立完成通过设置 IP 地址让两台处于同一局域网内的计算机不能通信
的操作。

操作题 3：有两台交换机 SW1 和 SW2，两台计算机 PC0 和 PC1，交换机之间通过 2 号
端口相连，PC0 与 SW1 的 1 号端口相连，PC1 与 SW2 的 1 号端口相连。画出拓扑图，并先
让两台计算机通信，再隔断计算机之间的通信。

【目标】学会与不同交换机相连的计算机通信的方法。

【要求】学生独立完成使与不同交换机相连的计算机相互通信的操作。

项目四 应用路由器技术

项目概要

本项目介绍了路由器的配置与操作方法、配置模式、基本配置命令，以及路由器常见故障的排除方法，让学生具备安全、规范地使用路由器的基本操作能力。

项目目标

通过本项目的学习，让学生掌握通过 Console 端口配置路由器的方法，能够熟练操作路由器的几种基本配置命令，使用路由器解决局域网中常见的技术难题，以及使用各种工具排除常见的路由器故障的基本能力。

项目准备

● 教学设备准备：多媒体网络计算机教室或计算机网络实训室。
● 教学组织形式：将学生分成 2～6 人的小组，每组设一名组长。
● 项目课时安排：共 6 课时。

任务1 连接和配置路由器

情景导入

随着公司内部计算机的增多，公司领导购买了一台路由器，希望琦琦用来解决局域网中一些常见的技术问题，如两个局域网如何通过路由器连接等。琦琦从配置路由器入手，熟悉并掌握了通过 Console 端口配置路由器和配置路由器端口地址的几种基本命令，以及如何配置路由器的直连路由。

任务目标

57

● 学会使用 Console 端口对路由器进行配置。
● 掌握路由器获取帮助的方式。
● 熟练配置路由器的主机名、接口 IP 地址。
● 掌握配置路由器的直连路由。

任务步骤

活动一：学会路由器的基本配置（见图 4-1）

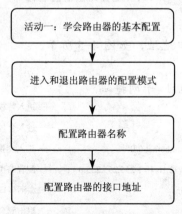

图 4-1 学会路由器的基本配置活动流程

> 🔔 温馨提示
>
> 通过配置线（即 Console 线）连接路由器的 Console 端口和计算机的 COM 端口，然后在计算机中打开"超级终端"软件进行配置。

步骤 1：进入和退出路由器的配置模式。路由器进出配置模式与交换机类似，如图 4-2、图 4-3 所示。

router>	——进入"超级终端"软件，即进入了路由器的用户模式
router >enable	——输入 enable 命令进入特权模式
router #	——特权模式
router #configure terminal	——输入 configure terminal 命令进入全局配置模式
router (config)#	——全局配置模式
router (config)#interface fastethernet 0/0	——进入接口模式
router (config-if)#	——接口模式

图 4-2　进入路由器的配置模式

router (config-if)# exit	——退出接口模式到全局配置模式
router (config-if)# end	——退出接口模式到特权模式
router #	——特权模式

图 4-3　退出路由器配置模式

步骤 2：配置路由器名称。在默认情况下，路由器的主机名是"router"。为了区别网络设备（如交换机、路由器等），可以在全局配置模式下使用 hostname 命令来配置路由器的主机名，如图 4-4 所示。

router >enable	——进入特权模式
router #configure terminal	——进入全局配置模式
router (config)#hostname R1	——配置路由器的名字为 R1
R1 (config)#exit	——退出全局配置模式

图 4-4　配置路由器的名称

命令格式：hostname 名称

步骤 3：配置路由器的接口地址，如图 4-5 所示。

命令格式：interface 接口

　　　　　ip address IP 地址　子网掩码

router>enable	——进入特权模式
router #configure terminal	——进入全局配置模式
router(config)#interface　fastethernet 0/0	——进入交换机的接口模式
router(config-if)#ip address 172.16.10.1 255.255.255.0	——配置路由器的 IP 地址和子网掩码
router(config-if)#no shutdown	——激活接口
router(config-if)#exit	——退出到全局配置模式

图 4-5　配置接口 fastethernet 0/0 的 IP 地址和子网掩码

步骤 4: 路由器查看命令, 如图 4-6 所示。

Switch#show running-config　　　　　　　——查看路由器的配置信息

图 4-6　show running-config 命令的使用

活动二: 配置路由器的直连路由 (见图 4-7)

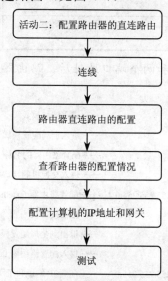

图 4-7　配置路由器的直连路由活动流程

步骤 1: 连线。PC1 是配置计算机, PC2 和 PC3 是实验所使用的计算机, 连线所使用的端口、网线以及 IP 地址划分见表 4-1。配置路由器的直连路由拓扑图, 如图 4-8 所示。

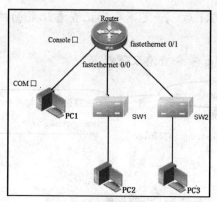

图 4-8　配置路由器的直连路由拓扑图

表 4-1　设备说明表

设 备	接 口	IP 地 址
路由器 (名称为 R1)	fastethernet 0/0 连接交换机 SW1 的 24 号端口	192.168.10.1
	fastethernet 0/1 连接交换机 SW2 的 24 号端口	192.168.20.1

（续）

设 备	接 口	IP 地 址
交换机 1（名称为 SW1）	1 号端口连接计算机 PC2	交换机不用配置
交换机 2（名称为 SW2）	1 号端口连接计算机 PC3	交换机不用配置
PC2		IP 地址为 192.168.10.2；子网掩码为 255.255.255.0；网关为 192.168.10.1
PC3		IP 地址为 192.168.20.2；子网掩码为 255.255.255.0；网关为 192.168.20.1

步骤 2：配置路由器的名称和两个端口地址后，路由器就形成了自己的直连路由，如图 4-9 所示。

router>enable	——进入特权模式
router #configure terminal	——进入全局配置模式
router(config)#hostmame R1	——配置路由器的名称为 R1
R1(config)#interface fastethernet 0/0	——进入交换机的接口模式
R1(config-if)#ip address 192.168.10.1 255.255.255.0	——配置路由器 fastethernet0/0 端口的 IP 地址和子网掩码
R1(config-if)#no shutdown	——激活接口
R1(config-if)#exit	——退出到全局配置模式
R1(config)# interface fastethernet 0/1	——进入配置路由器 fastethernet0/1 端口
R1(config-if)#ip address 192.168.20.1 255.255.255.0	——配置 IP 地址和子网掩码
R1(config-if)#no shutdown	——激活接口
R1(config-if)#exit	——退出接口模式

图 4-9　配置路由器的名称 R1 和两个端口地址、子网掩码

步骤 3：配置好路由器 R1 后，一定不要忘记查看配置的结果，检查是否存在配置错误，如图 4-10 所示。

使用 show running-config 命令查看配置结果。

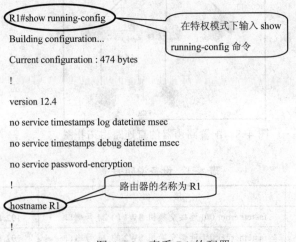

图 4-10　查看 R1 的配置

```
interface fastethernet 0/0

    ip address 192.168.10.1 255.255.255.0

    duplex auto

    speed auto

!

interface fastethernet 0/1

    ip address 192.168.20.1 255.255.255.0

    duplex auto

    speed auto

!

interface Vlan1

    no ip address

    shutdown

!

ip classless

!

line con 0

line vty 0 4

    login

end
```

接口 fastethernet 0/0 的 IP 地址和子网掩码

接口 fastethernet 0/1 的 IP 地址和子网掩码

图 4-10 查看 R1 的配置（续）

步骤 4：根据表 4-1 配置 PC2 和 PC3 的 IP 地址、子网掩码和网关。

步骤 5：测试。用 ping 命令测试 PC2 与 PC3 能否连通，如图 4-11 所示。

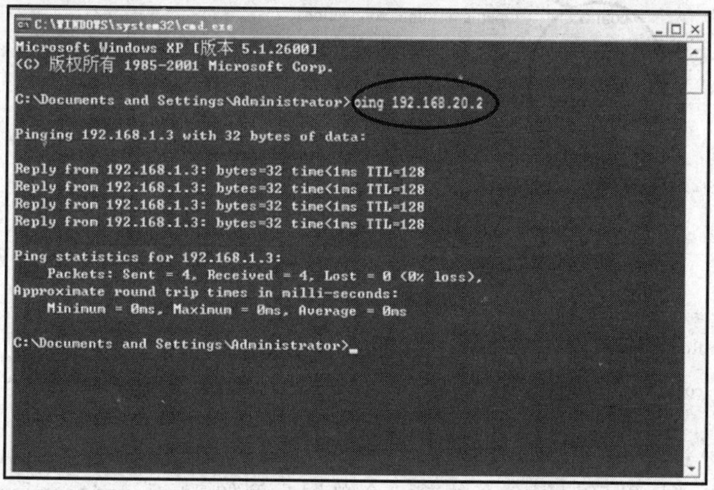

```
C:\WINDOWS\system32\cmd.exe

Microsoft Windows XP [版本 5.1.2600]
(C) 版权所有 1985-2001 Microsoft Corp.

C:\Documents and Settings\Administrator>ping 192.168.20.2

Pinging 192.168.1.3 with 32 bytes of data:

Reply from 192.168.1.3: bytes=32 time<1ms TTL=128
Reply from 192.168.1.3: bytes=32 time<1ms TTL=128
Reply from 192.168.1.3: bytes=32 time<1ms TTL=128
Reply from 192.168.1.3: bytes=32 time<1ms TTL=128

Ping statistics for 192.168.1.3:
    Packets: Sent = 4, Received = 4, Lost = 0 (0% loss),
Approximate round trip times in milli-seconds:
    Minimum = 0ms, Maximum = 0ms, Average = 0ms

C:\Documents and Settings\Administrator>_
```

图 4-11 测试 PC2 与 PC3 的连通性

一、认识路由器

路由器是连接不同网络或网段，选择信息传递路径的网络层设备。随着网络技术的发展，各种类型的网络相继出现，而且不同类型的网络、相同类型的网络要相互连接形成更大规模的网络，于是路由器就应运而生了，这是路由器的第一大功能；另外，路由器将信息由一个网络传递到另一网络，并且选择最近、最快的路径进行信息的转发，在选择路径的时候会遇到至少一台路由器，那么如何选择路径就是路由器的第二大功能。第二大功能是路由器与交换机的根本区别。

二、获取路由器配置命令的帮助方式

路由器配置命令的帮助方式有很多种，下面是常用的几种方式。

帮助方式一：查看配置模式下的命令，例如在用户模式下输入"？"，即可查看该模式的命令，如图 4-12 所示。

帮助方式二：如果在输入命令时只记得命令的前几个字母，可以输入前几个字母再加上"？"，例如特权模式进入全局配置模式时，只记得命令 configure 的前两个字母，如图 4-13 所示。

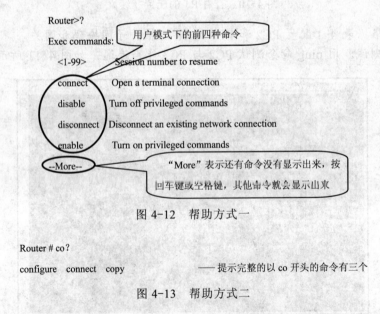

图 4-12　帮助方式一

```
Router # co?
configure   connect   copy          —— 提示完整的以 co 开头的命令有三个
```

图 4-13　帮助方式二

帮助方式三：如果只记得命令的前一个单词，例如 configure terminal 命令中只记得 configure，可以输入命令的前一个单词再加空格和"？"，如图 4-14 所示。

Router # configure ?

terminal   Configure from the terminal   ——提示后面的单词为 terminal

     <cr>   ——表示命令已经输入完毕

图 4-14   帮助方式三

帮助方式四：简写命令，例如 configure terminal 可以写为 conf ter，也可以写为 conf，如图 4-15 所示。

Router # conf   ter   ——进入全局配置模式

Router # conf   ——进入全局配置模式

图 4-15   帮助方式四

巩固训练

一、单项选择题（请将最佳选项代号填入括号中）

1. 在路由器的特权模式下，（　　）命令可以进入全局配置模式。

   A．conf   B．enable   C．exit   D．end

2. 退出全局配置模式的命令不包括（　　）。

   A．end   B．exit   C．out   D．Ctrl+z

3. 路由器中获取帮助有（　　）方式。

   A．一种   B．两种   C．三种   D．四种

二、操作题

操作题 1：配置路由器的主机名和 fastethernet 0/1 的 IP 地址。

【目标】熟练掌握配置路由器的主机名和端口 IP 地址。

【要求】

（1）配置路由器的主机名为 Router1。

（2）配置 fastethernet 0/1 的 IP 地址为 172.16.10.100，子网掩码为 255.255.255.0。

操作题 2：使用路由器连接两个小型局域网，如图 4-16 所示。设备说明见表 4-2。

表 4-2   设备说明

设　　备	接　　口	IP 地址
路由器（名称 R1）	fastethernet 0/0 连接交换机 1（使用直通双绞线）	192.168.10.1
	fastethernet 0/1 连接交换机 2（使用直通双绞线）	192.168.20.1
交换机 1	无需配置	
交换机 2	无需配置	
PC1		连接交换机 1 的普通端口 IP 地址为 192.168.10.2；子网掩码为 255.255.255.0；网关为 192.168.10.1
PC2		连接交换机 2 的普通端口 IP 地址为 192.168.20.2；子网掩码为 255.255.255.0；网关为 192.168.20.1

【目标】学会直连路由的应用。

【要求】

（1）连线，都使用直通双绞线。

（2）配置路由器的接口 IP 地址。

（3）配置计算机的 IP 地址及和网关（交换机无需配置）。

（4）使用 ping 命令测试网络连通性。

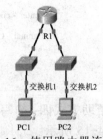

图 4-16　使用路由器连接两个小型局域网拓扑图

评价报告

连接和配置路由器评价表，见表 4-3。

表 4-3　连接和配置路由器评价表

被考评人					
考评地点					
考评内容	连接和配置路由器能力				
考评标准	内　　容	分值/分	自我评价/分	小组评议/分	实际得分/分
	利用 Console 端口管理路由器	25			
	获取命令的帮助方式	15			
	配置路由器的名称和 IP 地址	30			
	直连路由的设置	30			
	合　　计	100			

注：1. 实际得分=自我评价 40%+小组评议 60%。

　　2. 考评满分为 100 分，60～74 分为及格；75～84 分为良好；85 分以上为优秀（包括 85 分）。

任务 2　排除路由器的常见故障

情景导入

琦琦根据公司计算机的分布情况，通过任务 1 解决了直连路由连接两个简单局域网的问题，但是随着网络设备的增加，如果不仔细管理就会出现故障。一般来说，网络设备硬件方面不会出现大的故障（路由器和交换机都购买不久），但是不排除人为因素。现在网络出现了这样的问题：PC2（与 SW1 连接的计算机）不能与 PC3（与 SW2 连接的计算机）通信。琦琦该怎么办呢？

- 知道排除路由器故障的方法与步骤。
- 掌握使用 show running-config 命令查看交换机相关的配置。
- 理解计算机网关的配置作用。
- 熟练修改路由器接口的 IP 地址和子网掩码。

活动：解决路由器连接的两个局域网之间无法通信的故障（见图 4-17）

步骤 1：检查计算机 PC2 和 PC3 的 IP 地址、子网掩码以及网关设置是否与表4-1相同。如果不相同，修改成与表4-1所示相同。

步骤 2：检查计算机与交换机之间的双绞线和计算机网卡。双绞线使用测线仪进行检测；根据项目一任务二所学知识，检查网卡是否有故障。

步骤 3：检查交换机的电源。如果面板上的 Power 指示灯不亮，证明交换机的电源出现了故障，而此刻 Power 指示灯处于绿色状态，而且能听到风扇的转动声，证明交换机的电源正常。

步骤 4：检查交换机的端口。根据表 4-1 所示，PC2 连接的是 SW1 的 1 号端口，PC3 连接的是 SW2 的 1 号端口；现在要检查两台交换机 1 号端口的指示灯是否为绿色。通过检查，SW1 和 SW2 的 1 号端口灯为绿色，说明交换机没有出现故障。

步骤 5：检查交换机与路由器之间的网线。

方法一：使用测线仪检查网线。

方法二：检查路由器和交换机的端口指示灯是否为绿色，即检查路由器的 fastethernet 0/0 端口和 fastethernet 0/1 端口、交换机 SW1 和 SW2 的 24 号端口。

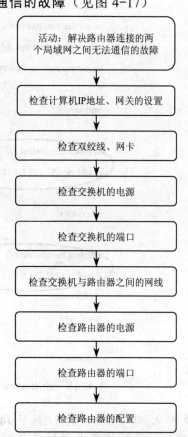

图 4-17 解决路由器连接的两个局域网之间无法通信的故障活动流程

65

经过检查，网线是正常的。

步骤 6：检查路由器的电源。方法与检查交换机的电源方法相似，首先查看电源 Power 指示灯是否为绿色，然后听风扇是否有转动声。经检查，路由器的电源正常。

步骤 7：检查路由器的端口。方法与检查交换机的端口方法相似，首先查看端口的指示灯是否为绿色，然后检查端口是否松动。经检查，端口指示灯亮，并且为绿色，说明路由器的端口正常。

步骤 8：经过上面 7 个步骤的检查，说明交换机和路由器的硬件是没有问题的；而且交换机没有经过任何配置，只有路由器进行了配置，说明故障出现在路由器的配置上。因此查看路由器的配置，使用 show running-config 命令，如图 4-18 所示。

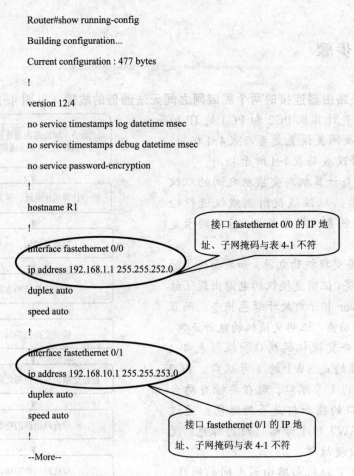

图 4-18　使用 show running-config 命令查看路由器的配置

步骤 9：由图 4-18 可知，接口 fastethernet 0/0 的 IP 地址、子网掩码和 fastethernet 0/1 的 IP 地址、子网掩码出现错误，与表 4-1 不符。配置正确的接口 IP 地址和子网掩码即可，如图 4-19 所示。

R1(config)#interface fastethernet 0/0   —— 进入交换机的接口 fastethernet 0/0

R1(config-if)#ip address 192.168.10.1 255.255.255.0   —— 配置路由器 fastethernet 0/0 接口的 IP 地址和子网掩码

R1(config-if)#no shutdown   —— 激活接口

R1(config-if)#exit   —— 退出到全局配置模式

R1(config)# interface fastethernet 0/1   —— 进入配置路由器 fastethernet 0/1 接口

R1(config-if)#ip address 192.168.20.1 255.255.255.0   —— 配置 IP 地址和子网掩码

R1(config-if)#no shutdown   —— 激活接口

R1(config-if)#exit   —— 退出接口模式

图 4-19 重新配置路由器的接口 IP 地址和子网掩码

步骤 10: 使用 show running-config 命令查看路由器的重新配置。

步骤 11: 使用 ping 命令查看 PC2 和 PC3 的连通性，如图 4-20 所示，至此故障排除完毕。

```
C:\WINDOWS\system32\cmd.exe

Microsoft Windows XP [版本 5.1.2600]
<C> 版权所有 1985-2001 Microsoft Corp.

C:\Documents and Settings\Administrator>ping 192.168.20.2

Pinging 192.168.1.3 with 32 bytes of data:

Reply from 192.168.1.3: bytes=32 time<1ms TTL=128
Reply from 192.168.1.3: bytes=32 time<1ms TTL=128
Reply from 192.168.1.3: bytes=32 time<1ms TTL=128
Reply from 192.168.1.3: bytes=32 time<1ms TTL=128

Ping statistics for 192.168.1.3:
    Packets: Sent = 4, Received = 4, Lost = 0 (0% loss),
Approximate round trip times in milli-seconds:
    Minimum = 0ms, Maximum = 0ms, Average = 0ms

C:\Documents and Settings\Administrator>_
```

图 4-20 检测 PC2 和 PC3 的连通性

 知识链接

一、路由器硬件故障

1. 电源故障

电源故障表现为打开路由器开关时，Power 指示灯不亮，风扇也不转动。如果出现这种情况，则先检查电源系统，查看供电插座是否有电；如果供电插座正常，则检查电源线是否松动、损坏或老化，如果松动就重新接紧，如果损坏、老化就更换；最后检查路由器的电源保险是否损坏，如损坏就需要送去检修。

2. 端口故障

如果接上正常的网线，路由器对应端口的指示灯不亮，证明此端口有故障。如果端口松动，就将网线接紧；如果因端口使用频繁而损坏，就更换其它正常的端口；如果其它端口都存在同样的问题，说明端口损坏的可能性不大，很有可能是路由器内部线路存在问题，这就需要将路由器送去检修。

3．散热故障

路由器刚接入网络时可以正常运行，但是时间稍长些网速就开始下降，而且会掉线，这时就要考虑是不是路由器的散热问题引起的故障，检查方法是用手摸一摸路由器的表面，感觉温度是否过高，解决方法是将路由器移到通风的地方。如果还不能解决问题就只能考虑更换路由器了。

二、路由器软件故障

1．人为故障

人为故障是指管理人员的错误操作或恶意操作导致的故障。一般来说，该类故障是由于线路不通导致的，可以检查端口或线缆是否存在问题。

2．配置问题

管理人员在配置路由器时出现错误，使网络出现故障。一般来说，使用 show run 命令查看管理人员配置的相关参数，然后再进行修改。

巩固训练

一、单项选择题（请将最佳选项代号填入括号中）

1．关于路由器的作用下列说法中错误的是（　　　）。
    A．路由器可以连通不同的网络
    B．路由器可以连通局域网
    C．路由器可以连接局域网和广域网
    D．路由器和交换机的功能相似

2．连接路由器的方法是（　　　）。
    A．使用 Console 线将路由器的 Console 端口与计算机的 COM 端口相连
    B．使用直通双绞线将路由器的 Console 端口与计算机的 COM 端口相连
    C．使用交叉双绞线将路由器的 Console 端口与计算机的 RJ-45 端口相连
    D．使用直通双绞线将路由器的 Console 端口与计算机的 RJ-45 端口相连

二、操作题

操作题：如何检查路由器的故障？

【目标】学会路由器故障的排除方法和步骤。

【要求】

（1）掌握路由器故障的检查顺序。

（2）掌握路由器故障的排除方法。

 评价报告

排除路由器的常见故障评价表，见表4-4。

表4-4 排除路由器的常见故障评价表

被考评人					
考评地点					
考评内容		排除路由器的常见故障能力			
考评标准	内　　容	分值/分	自我评价/分	小组评议/分	实际得分/分
	路由器故障排除的顺序和方法	30			
	show run 命令的使用	25			
	网关的设置与作用	20			
	修改路由器的配置	25			
合　　计		100			

注：1. 实际得分=自我评价40%+小组评议60%。

2. 考评满分为100分，60～74分为及格；75～84分为良好；85分以上为优秀（包括85分）。

69

项目拓展训练

一、单项选择题（请将最佳选项代号填入括号中）

1. 下面关于交换机和路由器说法正确的是（　　　）。

    A. 交换机和路由器的配置线相同

    B. 交换机和路由器的功能相同

    C. 交换机和路由器都有3种以上的配置模式

    D. 交换机电源和路由器电源的故障检查方法不相同

2. no shut 命令是（　　　）。

    A. no shutdown 命令的简写   B. 开启交换机的命令

    C. 关闭路由器端口的命令   D. 错误的命令

3. 本项目任务一的活动一中，路由器的端口（　　　）。

    A. 是 Fa0/0 和 Fa1/1

    B. 可以使用 show run 命令查看

    C. 是 fastethernet 0/0 和 fastethernet 1/1

    D. 是 fastethernet 0/0

4. 下列命令中为端口 fastethernet 0/0 配置 IP 地址的是（　　　　）。

　　A．address 192.168.1.1　　　　　　B．ip address 192.168.1.1

　　C．address 192.168.1.1 255.255.255.0　D．ip address 192.168.1.1 255.255.255.0

5. 路由器端口故障表现为（　　　　）。

　　A．端口指示灯不亮　　　　　　　　B．Power 指示灯处于绿色

　　C．Power 指示灯不亮　　　　　　　D．端口指示灯处于绿色

二、多项选择题（每题有两个或两个以上的答案，请将正确选项代号填入括号中）

1. no shut 命令（　　　　）。

　　A．是 no shutdown 的简写　　　　　B．可以开启交换机的端口

　　C．可以开启路由器的端口　　　　　D．关闭端口

2. ip address 命令（　　　　）。

　　A．可以为交换机配置 IP 地址和子网掩码

　　B．可以为路由器端口配置 IP 地址和子网掩码

　　C．只是路由器的命令

　　D．可以与 no shutdown 结合使用

3. （　　　　　　）表示路由器出现电源故障。

　　A．Power 指示灯不亮　　　　　　　B．Power 指示灯闪烁

　　C．风扇不转　　　　　　　　　　　D．端口指示灯处于绿色

三、判断题（正确的打"√"，错误的打"×"）

1. 交换机和路由器的配置模式都有三种。　　　　　　　　　　　（　　　）

2. 一般来说，使用 Console 端口来配置交换机和路由器。　　　　（　　　）

3. 不同厂家的交换机和路由器配置线不同。　　　　　　　　　　（　　　）

4. 路由器的功能是连接不同的网络。　　　　　　　　　　　　　（　　　）

四、操作题

操作题 1：举例说明获取路由器配置命令的帮助方式。

【目标】学会利用路由器配置命令的帮助方式。

【要求】学生独立应用路由器配置命令的四种帮助方式。

操作题 2：如果本项目任务一活动二中，路由器的一个端口的 IP 地址为 192.168.10.254，了网掩码为 255.255.255.0；另一个端口的 IP 地址为 192.168.20.254，子网掩码为 255.255.255.0。那么 PC1 和 PC2 的 IP 地址、子网掩码、网关应该如何设置？

【目标】学会局域网 IP 地址的选择方法。

【要求】学生独立完成局域网 IP 地址的选择操作。

操作题 3：琦琦所在公司有销售部、财务部和其它部门，公司领导要求销售部能与所有部门通信，财务部不能与其它部门通信，琦琦该怎么办？请替琦琦画出拓扑图，列出设备说明表，并写出相关步骤（公司有一台路由器和两台交换机）。

【目标】学会局域网中计算机连通和阻隔连通的方法。

【要求】学生独立完成局域网中通过 IP 地址控制计算机可否连通的操作。

项目五　设置网络安全

项目概要

　　本项目介绍了网络安全设置的基本方法，以及设置 Windows XP 防火墙的方法，使学生具备保障网络安全的基本能力。

项目目标

　　通过本项目的学习，让学生了解网络安全的重要性，能够掌握网络安全基本的设置方法和设置 Windows XP 防火墙的方法。

项目准备

- 教学设备准备：多媒体网络计算机教室或电子商务实训室。
- 教学组织形式：将学生分成 2～6 人的小组，每组设一名组长。
- 项目课时安排：共 6 课时。

任务 1   设置网络安全

 情景导入

　　琦琦是一家服装公司的网络技术人员，公司最近在阿里巴巴网上开始了网络交易，保障网络安全就成为了琦琦要负责的内容，所以她要学会网络安全基本的设置方法。

 任务目标

- 学会计算机的基本安全设置。
- 学会更换管理员帐户和杜绝 Guest 帐户的入侵。
- 学会对 IE 的安全进行设置。

 任务步骤

活动一：设置计算机的帐户（见图 5-1）

图 5-1　设置计算机的帐户活动流程

　　步骤 1：在计算机桌面上右击"网上邻居"图标，选择"属性"命令，打开"网络连接"窗口，如图 5-2 所示。

图 5-2　桌面操作

步骤2：在"网络连接"窗口中右击"本地连接"图标，选择"属性"命令，如图 5-3 所示。

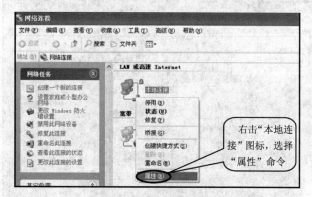

图 5-3　"网络连接"窗口

步骤3：在"本地连接 属性"对话框中将"Microsoft 网络的文件和打印机共享"复选框的钩去掉，然后单击"确定"按钮，如图 5-4 所示。

步骤4：单击"开始"→"设置"→"控制面板"，打开"控制面板"窗口，如图 5-5 所示。

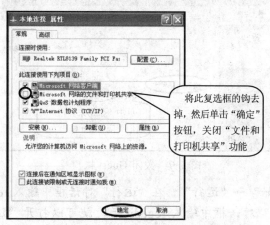

图 5-4　"本地连接 属性"对话框

图 5-5 "控制面板"窗口

步骤 5：双击"用户帐户"图标，打开"用户帐户"窗口，如图 5-6 所示。

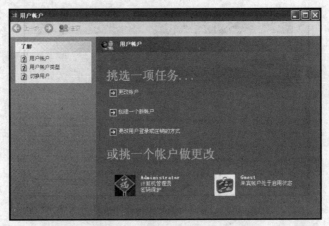

图 5-6 "用户帐户"窗口

步骤 6：单击"Guest"图标。

步骤 7：单击"禁用来宾帐户"项，关闭 Guest 帐户，如图 5-7 所示。

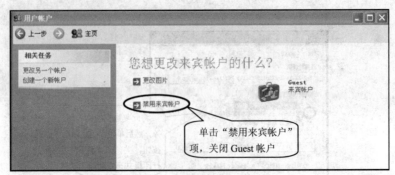

图 5-7 关闭 Guest 帐户

步骤 8：单击"开始"→"运行"，在"运行"对话框中输入 regedit，如图 5-8 所示。

步骤 9：在"运行"对话框中输入 regedit 后，就可以打开"注册表编辑器"界面，如图 5-9 所示。

双击这个键名

图 5-9 打开"注册表编辑器"界面

图 5-8 "运行"对话框

步骤 10: 依次单击"+"找到"HKEY_LOCAL_MACHINE\SYSTEM\CurrentControlSet\ Control\Lsa", 双击"restrictanonymous"项, 将 DWORD 值"restrictanonymous"的键值改为"1", 即可禁止建立空链接, 如图 5-10 所示。

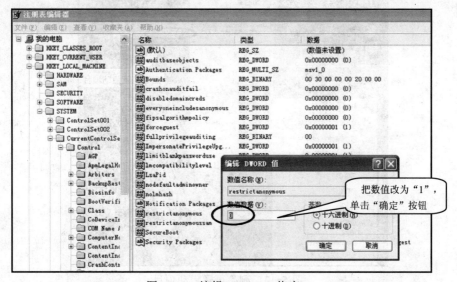

把数值改为"1", 单击"确定"按钮

图 5-10 编辑 DWORD 值窗口

活动二：防范木马程序（见图 5-11）

图 5-11　防范木马程序活动的流程

步骤 1：下载文件时先将文件保存到自己新建的文件夹里，再用杀毒软件来检测，可起到提前预防病毒发作的作用，如图 5-12 所示。

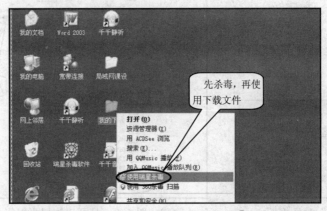

图 5-12　对下载文件进行杀毒

步骤 2：在"开始"→"程序"→"启动"选项里看是否有不明的启动项目，如果有便删除，如图 5-13 所示。

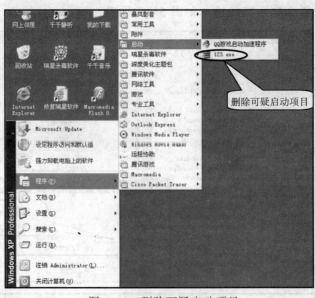

图 5-13　删除可疑启动项目

步骤 3：将注册表"HKEY_LOCAL_MACHINE\SOFTWARE\Microsoft\Windows\Current Version\Run"下的所有可疑程序全部删除，如图 5-14 所示。

图 5-14　删除可疑程序

活动三：对 IE 的安全进行设置（见图 5-15）

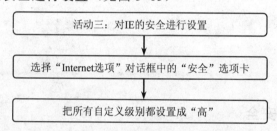

图 5-15　对 IE 的安全进行设置活动流程

步骤 1：打开 IE 浏览器，单击"工具"→"Internet 选项"，打开"Internet 选项"对话框，如图 5-16 所示。

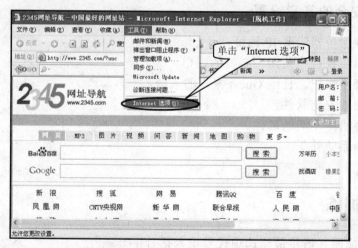

图 5-16　打开"Internet 选项"窗口

步骤 2：在"Internet 选项"对话框中选择"安全"选项卡，把所有自定义级别都设置成"高"即可，如图 5-17 所示。

图 5-17 设置自定义级别

 知识链接

一、什么是网络安全

网络安全是指网络系统的硬件、软件及系统中的数据受到保护，不因偶然的或者恶意的原因而遭到破坏、更改、泄露，系统连续、可靠、正常地运行，网络服务不中断。

二、网络安全的其它设置

1）利用代理服务器隐藏 IP 地址。

2）利用端口监视程序关闭不必要的端口。

3）更换管理员帐户，杜绝 Guest 帐户的入侵。

4）安装必要的安全软件。

5）不要回复来路不明的邮件。

6）及时更新系统补丁。

 巩固训练

一、单项选择题（请将最佳选项代号填入括号中）

1. 网络安全是指网络系统的硬件、软件及系统中的（　　）受到保护。

    A．硬件   B．数据   C．软件   D．文件

2．启动项里如果有不明的启动项目，应当（　　　）。

　　A．保留　　　　　B．备份　　　　　C．格式化　　　　D．删除

3．在"Internet 选项"对话框中"本地 Internet"的默认安全级别是（　　　）。

　　A．高　　　　　　B．中　　　　　　C．中低　　　　　D．低

二、操作题

操作题 1：关闭 Windows XP 中的 Guest 帐户。

【目的】学会关闭 Windows XP 中的 Guest 帐户。

【要求】学生能正确关闭 Windows XP 中的 Guest 帐户。

操作题 2：设置 Internet 的安全级别为高。

【目的】学会设置 Internet 的安全级别。

【要求】学生能独立设置 Internet 的安全级别。

评价报告

设置网络安全评价表，见表 5-1。

表 5-1　设置网络安全评价表

被考评人					
考评地点					
考评内容	设置网络安全能力				
考评标准	内　　容	分值/分	自我评价/分	小组评议/分	实际得分/分
	计算机的设置	30			
	防范木马的设置	30			
	IE 的安全设置	30			
	其它安全设置	10			
	合　　计	100			

注：1．实际得分=自我评价 40%+小组评议 60%。

　　2．考评满分为 100 分，60～74 分为及格；75～84 分为良好；85 分以上为优秀（包括 85 分）。

任务 2　设置 Windows XP 防火墙

情景导入

琦琦是一家服装公司的网络技术人员，公司最近在阿里巴巴网上开始了网络交易，保障网络安全就成为了琦琦要学会的基本内容，她还要学会设置 Windows XP 防火墙。

任务目标

● 掌握打开 Windows XP 防火墙的基本方法。
● 掌握设置 Windows XP 防火墙的基本方法。

任务步骤

活动一：打开 Windows XP 防火墙（见图 5-18）

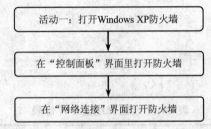

图 5-18　打开 Windows XP 防火墙流程

方法 1：在"控制面板"界面里打开防火墙

步骤 1：单击"开始"→"设置"→"控制面板"，如图 5-19 所示。

步骤 2：双击"Windows 防火墙"图标会弹出"Windows 防火墙"对话框，如图 5-20 所示。

图 5-19　"控制面板"界面

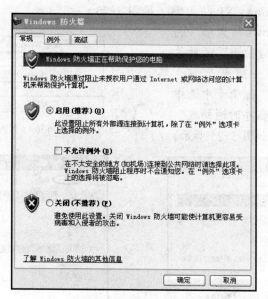

图 5-20　"Windows 防火墙"对话框

方法 2：在"网络连接"界面里打开防火墙

步骤 1：打开"网络连接"界面，右键单击"本地连接"→"属性"，打开"本地连接 属性"对话框，选择"高级"选项卡，如图 5-21 所示。

步骤 2：在"高级"选项卡里单击"设置"按钮，可打开"Windows 防火墙"对话框，如图 5-22 所示。

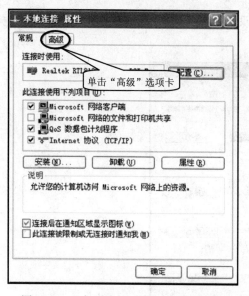

图 5-21　"本地连接 属性"对话框

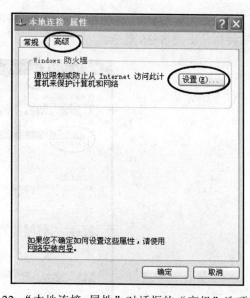

图 5-22　"本地连接 属性"对话框的"高级"选项卡

活动二：设置 Windows XP 防火墙（见图 5-23）

步骤 1：在"Windows 防火墙"的"常规"选项卡中选中"启用"项后单击"确定"按钮，如图 5-24 所示。

步骤 2：在"例外"选项卡中选中"Windows 防火墙阻止程序时通知我"项后单击"确定"按钮，如图 5-25 所示。

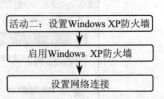

图 5-23 设置 Windows XP 防火墙活动流程

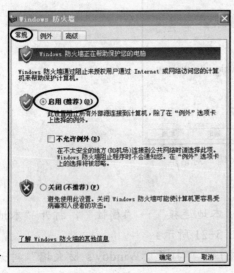

图 5-24 "常规"设置

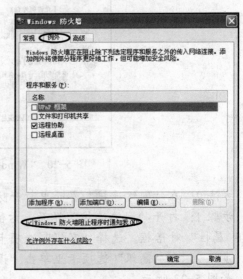

图 5-25 "例外"设置

步骤 3：在"高级"选项卡中，将"网络连接设置"栏里的所有连接选中，然后单击"确定"按钮，如图 5-26 所示。

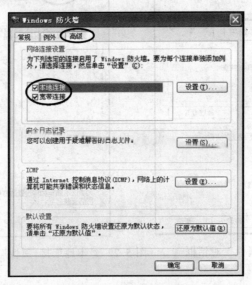

图 5-26 "高级"设置

知识链接

Internet 连接防火墙（ICF）是用来限制哪些信息可以从你的家庭或小型办公网络进入 Internet 以及从 Internet 进入你的家庭或小型办公网络的一种软件。如果网络使用 Internet 连接共享（ICS）来为多台计算机提供 Internet 访问能力，则应该在共享的 Internet 连接中启用 ICF。ICS 和 ICF 也可以单独启用，例如在直接连接到 Internet 的任何一台计算机上启用 ICF。

巩固训练

一、单项选择题（请将最佳选项代号填入括号中）

1．Windows 防火墙的默认状态是（　　　）。

  A．开启   B．关闭   C．不确定   D．半开半闭

2．Internet 连接防火墙的英文缩写是（　　　）。

  A．ICS   B．ICF   C．ISO   D．DNS

二、操作题

操作题：设置 Windows 防火墙。

【目的】了解 Windows 防火墙的作用。

【要求】学生能独立设置 Windows 防火墙。

评价报告

设置 Windows 防火墙评价表，见表 5-2。

表 5-2　设置 Windows 防火墙评价表

被考评人					
考评地点					
考评内容	设置 Windows 防火墙能力				
考评标准	内　容	分值/分	自我评价/分	小组评议/分	实际得分/分
	打开 Windows 防火墙	40			
	设置 Windows 防火墙	40			
	防火墙的有关知识	20			
	合　计	100			

注：1．实际得分=自我评价 40%+小组评议 60%。

  2．考评满分为 100 分，60～74 分为及格；75～84 分为良好；85 分以上为优秀（包括 85 分）。

83

项目拓展训练

一、单项选择题（请将最佳选项代号填入括号中）

1. 可以通过修改（　　）关闭"文件和打印机共享"功能。

  A．程序   B．软件   C．系统   D．注册表

2. Internet 连接防火墙（ICF）是用来限制哪些信息可以从你的家庭或小型办公网络进入 Internet 以及从 Internet 进入你的家庭或小型办公网络的一种（　　）。

  A．软件   B．硬件   C．数据   D．文件夹

二、多项选择题（每题有两个或两个以上的答案，请将正确选项代号填入括号中）

1. 网络安全从内容上来说大致包括（　　）。

  A．网络实体安全   B．软件安全

  C．数据安全   D．安全管理

2. 下面是网络安全有效措施的有（　　）。

  A．不回复来路不明的邮件

  B．设置代理服务器，隐藏自己的 IP 地址

  C．使用杀毒工具和防火墙软件，及时升级

  D．下载文件后立即使用

3. "Windows 防火墙"对话框包括（　　）选项卡。

  A．"帮助"   B．"常规"   C．"例外"   D．"高级"

三、操作题

如何对 IE 浏览器的安全进行设置？

【目标】学会对 IE 浏览器的安全进行设置的方法。

【要求】学生独立完成对 IE 浏览器的安全进行设置的操作。

项目六　制作商品图片

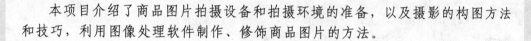

项目概要

　　本项目介绍了商品图片拍摄设备和拍摄环境的准备，以及摄影的构图方法和技巧，利用图像处理软件制作、修饰商品图片的方法。

项目目标

　　通过本项目的学习，让学生了解商品拍摄需要的硬件设备及环境需求，掌握拍摄商品简单的步骤，了解商品拍摄的构图技巧，掌握利用图像处理软件"Photoshop"处理图片的简单步骤。

项目准备

- 教学设备准备：多媒体网络计算机教室或电子商务实训室。
- 教学组织形式：将学生分成 2～6 人的小组，每组设一名组长。
- 项目课时安排：共 6 课时。

任务1　学会拍摄商品

 情景导入

　　琦琦准备经营一家网店，在淘宝网上已经注册了店铺，出售的商品也已经准备好了，就差"上柜"了。在"上柜"之前，琦琦想好好装饰一下商品，以便吸引更多的买家。

 任务目标

- 了解拍摄商品的设备及技术。
- 学会拍摄商品的方法。
- 了解摄影构图的技巧。

 任务步骤

活动一：做好拍摄商品的准备工作（见图6-1）

步骤1：准备拍摄设备和拍摄环境。

拍摄网店商品，就要有一款适合静物拍摄的相机，最好有微距功能，如图6-2所示。

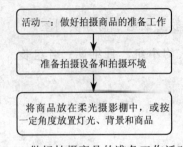

图6-1　做好拍摄商品的准备工作活动流程　　　　图6-2　相机

　　三角架是从事商品拍摄乃至其它各类题材摄影不可或缺的主要设备之一，如图6-3所示。为避免相机晃动，保证影像的清晰度，建议使用三角架。如果没有，也可以准备几本书垫在相机下面。当然，现在很多相机具备了光学防抖功能。

　　拍摄环境最好选择白天，选用自然光线是最理想的（但是不要直接在阳光下拍摄），最好的拍摄时间是上午9点到下午3点。如果在室内拍摄，最好使用灯具。灯具是室内拍摄的主要工具，有条件的话，应准备三只以上的照明灯。建议使用30W以上的三基色白光节能灯，价格相对便宜，色温也好，如图6-4所示。

商品拍摄台是进行商品拍摄活动必备的工具之一，但也可以灵活运用。办公桌、家庭用的茶几、方桌、椅子和大一些的纸箱，甚至光滑、平整的地面均可以作为拍摄台使用。

背景材料。如果到照相器材店购买正规的背景纸、布，费用较大，在一般的房间里使用也不一定方便，其实可以用一些全开的白卡纸来解决没有背景的问题，也可以到市场购买一些质地不同（如纯毛、化纤、丝绸）的布料来作为背景使用。选择一块较好的背景是很重要的，它会直接影响商品的质感。图6-5所示为一组三脚架及便携柔光摄影棚。

图 6-3 三脚架

图 6-4 摄影灯具

图 6-5 三脚架及便携柔光摄影棚

步骤2：将商品放在柔光摄影棚中（见图6-6），或者按一定角度放置灯光、背景和商品（见图6-7）。

图 6-6 柔光摄影棚

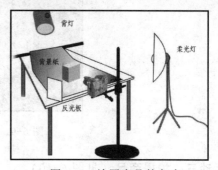

图 6-7 放置商品的角度

活动二：设置相机参数（见图6-8）

步骤1：对焦设置。数码相机的对焦设置一般有手动、自动、微距、泛焦、无穷远几种方式。手动对焦是依靠相机上的按键和LCD显示来对焦的；微距适宜拍摄距离为5cm左右的商品，因此拍摄商品细节时一般使用微距；泛焦和无穷远适合拍摄风景。

步骤2：像素设置。这是一个非常重要的设置项目，像素与图片尺寸成正比，像素越大图片尺寸越大。设置尺寸太小，图片细节不清楚；设置尺寸太大，图片占用存储器空间较大。现在常用数码相机的尺寸、像素大小不等。另外，淘宝网对上传图片的大小是有规定的，这一点需要注意。

步骤3：清晰度设置。数码相机的清晰度是依靠相机内部处理器对照片的压缩比例来决定的，根据相机的不同一般设置为三至四个档位，如一般、常用、精细和超精细等档位。一般来说，拍摄商品时建议将清晰度设置为超精细，以便更清晰地呈现图片。

步骤4：ISO值设置。ISO是数码相机的感光度，ISO有点像电视机的对比度。对比度越大，电视画面的层次感越强，但扫描点的颗粒感会增加，数码相机也是一样，ISO越大，照片的颗粒点就越大。

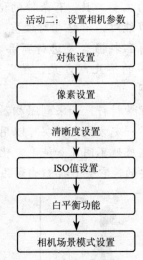

图 6-8　设置相机参数活动的流程

步骤5：白平衡功能。白平衡功能是为了保证相机在强弱光线对比反差强烈情况下的感光度，一般有自动、阳光、阴天等设置，除了在强烈的阳光下且拍摄景物光线明暗对比反差很大时设置成阳光状态外，绝大多时候设置成自动状态为宜。

步骤6：相机场景模式设置。数码相机预置了20多种场景模式供手动调节，如夜景、风景、运动、烟花等。调节方式有两种，一种是快捷键调节，通过相机的按键来调节所需的场景模式，这种方式一般只有几种最常用的模式，如图6-9所示；另一种是菜单调节，打开相机进入主菜单进行调节，这种方式比较麻烦。

图 6-9　相机模式设置

活动三：拍摄商品（见图 6-10）

步骤1：对拍摄商品进行构图。"三分法则"就是将整个画面在横向、竖向各用两条直线分割成等分的三部分，将拍摄的主体放置在任意一条直线或直线的交点上，这样比较符合人们的视觉习惯。拍摄时可直接调出相机的"井"字辅助线，将拍摄主体放在 4 个交叉点上，这样能使整张图片显得庄重，而且使主体形象格外醒目，如图6-11所示。

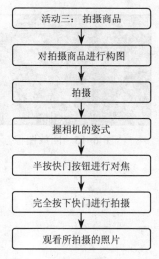

图 6-10 拍摄商品活动流程

图 6-11 画面的构图

步骤 2: 根据商品选择画面构图的类型进行拍摄, 如图 6-12 所示。

三角形构图给人以稳定感

对角线是画面中最长的线, 给人以纵深感、广阔感

近处较大的物体与稍远处较小的物体形成对比, 突出主题

图 6-12 拍摄构图

步骤 3: 开始拍摄时注意手握相机的姿式。照相时要保证手不抖动, 一定要用双手握住相机, 用左手拇指和其余四指成 90° 卡住相机左沿, 右手拇指和中指夹住相机右上角的两面, 右手食指按快门, 按动快门时要利索快捷, 身体不要晃动。条件允许时最好使用三脚架。

步骤 4: 将相机对准被摄体, 半按快门按钮进行对焦, 如图 6-13 所示。

步骤 5: 合焦于被摄体, 在能够看清被摄体的同时, 相机会发出"嘀嘀"提示音。在半按快门的状态下调整构图, 然后完全按下快门按钮进行拍摄, 如图 6-14 所示。

图 6-13 半按快门按钮

步骤 6: 拍摄完成后可按回放按钮观看所拍摄图像。回放图像时将首先显示最新拍摄的照片, 如图 6-15 所示。

图 6-14　完全按下快门按钮

图 6-15　回放图像

知识链接

一、四类商品的拍照技巧

拍摄不同的商品，拍摄方法是不同的。

1. 拍摄玻璃器皿、瓷器和水晶工艺品

拍摄玻璃器皿、瓷器和水晶工艺品时，应着眼于对它们的透明性进行表现，要把玻璃的晶莹剔透表现出来，背景要干净、明快。瓷器的表面不同于玻璃器皿，瓷器的表面很光亮，所以灯光不要直接照射到瓷器上，否则画面会出现光斑，利用柔光摄影棚能很好地解决这个问题。在暗部使用反光板，使画面有一定的光比（指被摄物体受光面亮度与阴影面亮度的比值），以增加瓷器的立体感。

2. 拍摄白色或浅色的商品

拍摄白色或浅色的商品要营造一种淡雅、洁净的效果，背景要干净，不可有与画面不相干的杂质出现，否则会影响画面的效果。

3. 拍摄手表、首饰和手机等商品

手表、首饰、手机这类商品属于反射性或半反射性物体，它们在拍摄时易反射出周围的物体。这时除了使用柔光摄影棚外，还应使用挡片将外界景物遮挡住。这样拍摄出的物体外壳就不会有其它物体的影子。另外，摄影师最好穿上白色或黑色的上衣，以免出现"色干涉现象"；或者利用二脚架事先固定好相机的位置，再使用自拍功能，就能很好地避免"色干涉现象"的发生。使用自拍功能，也可防止由于按快门的轻微抖动造成照片模糊的效果。

4. 拍摄食品

要想拍出食品色、香、味的质感来，就需要在拍摄前做好充分的准备工作。熟透了的食品可能导致色彩太深，反而缺乏美感，不能达到引起人们食欲的目的。因此使用半熟的食品进行拍摄，这样颜色不会太深而且会给买家熟透的印象。一般来说，熟食刚出炉就应该进行拍摄，保证食品的最佳状态。另外，在水果或熟食表面涂上油，也会显得

更新鲜。这时可以使用柔光棚，可避免在食品的盘子周围出现难看的投影。相机镜头尽量从正前方对准食品，这样可避免拍出的图片变形。

二、图像摄影构图方式

构图是摄影的重要部分，下面主要介绍几种构图方式。

（1）井字形构图：这种构图方式是假设画面的长宽各分为三等分，把相交的各点用直接连接，形成"井"字形，这样能使整张相片显得庄重，而且使主体形象格外醒目。

（2）三角形构图：这种构图方式主要包括正三角形构图、倒三角形构图和斜三角形构图。

1）正三角形构图。这种构图方式可以给人以坚强、镇静的感觉。

2）倒三角形构图。这种构图方式具有明快、敞露的感觉，但是在它的左右两边最好有些不同的变化，从而打破两边的绝对平衡状态，使画面免于呆板。

3）斜三角形构图。这种构图方式可以充分显示出生动、活泼的感觉。

（3）垂直式构图：这种构图方式是由垂直线条构成的，能将拍摄的景物表现得巍峨高大并富有气势。

（4）斜线式构图：这种构图方式可以用来表现物体的运动和变化，能使画面产生动感。动感的程度和角度有关，角度越大，其动感性越强烈，但角度不能大于 45°。

另外，还有水平式构图、曲线式构图、双对角线构图和延伸式构图等。

三、持机的基本方法

1. 横向持机

在横向持机时，左手应从镜头下方托住相机，以保持稳定；轻轻收紧双臂，以防止相机出现抖动，如图 6-16 所示。

图 6-16　横向持机姿势

2. 纵向持机

在纵向持机时，握持相机手柄的手既可位于上方也可位于下方，但当握持相机手柄的手位于上方时手臂更容易张开，所以要特别加以注意，如图 6-17 所示。

图 6-17 纵向持机姿势

3．常见错误持机

双臂张开，上半身处于不稳定的状态；只用手臂去支撑相机，使整个身体失去稳定性，如图 6-18 所示。

图 6-18 常见错误持机姿势

巩固训练

一、单项选择题（请将最佳选项代号填入括号中）

1．拍摄商品时不需要准备的设备是（   ）。

    A．相机   B．灯源   C．便携式摄影棚   D．扫描仪

2．下列做法更合理的是（   ）。

    A．在自然光下进行拍摄，图片更清晰

    B．调整对比，可以使饰品在灯光下显示出璀璨夺目的效果

    C．在光线不好或者晚上拍摄时，很多人都会用到"曝光"功能，而且可以把曝光度调得很高

    D．背景选择无所谓，后期都可以通过 Photoshop 软件进行修改

二、操作题

操作题 1：简述拍摄商品时手持相机的正确姿势。

【目标】学会拍摄商品时手持相机的正确姿势。

【要求】学生知道拍摄商品时手持相机的正确姿势。

操作题 2：常见的摄影构图有哪几种方式？

【目标】学会常见的摄影构图方式。

【要求】学生能描述摄影构图的方式。

评价报告

学会拍摄商品评价表，见表 6-1。

表 6-1　学会拍摄商品评价表

被考评人					
考评地点					
考评内容		学会拍摄商品方法能力			
考评标准	内　容	分值/分	自我评价/分	小组评议/分	实得分/分
	知道拍摄需要的设备及环境	20			
	了解摄影商品的构图技巧	20			
	知道拍摄商品时相机的基本设置	25			
	掌握拍摄商品时手持相机的正确知识	25			
	了解不同材质商品的拍摄技巧	10			
	合　计	100			

注：1. 实际得分=自我评价 40%+小组评议 60%。

　　2. 考评满分为 100 分，60～74 分为及格；75～84 分为良好；85 分以上为优秀（包括 85 分）。

任务 2　学会商品图片制作方法

情景导入

琦琦在拍摄完商品图片后准备处理图片，加上店铺的标记。

任务目标

● 学会处理图片的方法。

● 能够熟悉"Photoshop"软件的基本功能。

任务步骤

活动一：调整曝光不足或曝光过度的照片（见图 6-19）

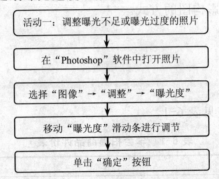

图 6-19　调整曝光不足或曝光过度的照片活动流程

步骤 1：在 Adobe Photoshop CS5 软件（其它版本 Photoshop 软件操作方法类似）中打开照片，如图 6-20 所示。

图 6-20　曝光不足的商品图片

步骤 2：选择"图像"菜单，单击"调整"→"曝光度"命令，如图 6-21 所示。

步骤 3：打开"曝光度"对话框，向右移动"曝光度"滑动条，增加照片的曝光度，如图 6-22 所示。

图 6-21　单击"曝光度"命令

步骤 4: 边调整边预览，调整好后单击"确定"按钮。照片效果如图 6-23 所示，最后保存照片为 JPG 格式即可。如果是曝光过度的图片，只需将曝光度调成负数，预览满意后保存即可。

图 6-22 "曝光度"对话框

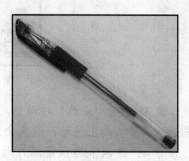

图 6-23 调整后的图片效果

活动二：调整照片颜色（见图 6-24）

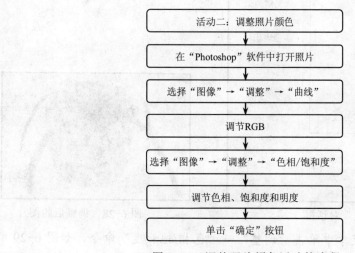

图 6-24 调整照片颜色活动的流程

步骤 1: 在"Photoshop"软件中打开商品照片，如图 6-25 所示。

图 6-25 打开的商品照片

步骤 2: 选择"图像"菜单，单击"调整"→"曲线"命令，如图 6-26 所示。

图 6-26 单击"曲线"命令

步骤 3：打开"曲线"对话框，在"通道"下拉列表中选择"RGB"选项。鼠标选择 ⤢ 节点进行调整，向上拖动，颜色会变亮，反之会变暗，如图 6-27 所示。

步骤 4：边调节边预览照片效果，满意后单击"确定"按钮即可，如图 6-28 所示。

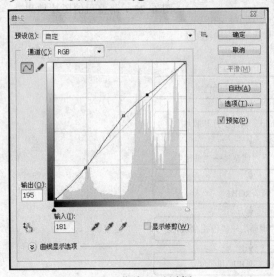

图 6-27 "曲线"对话框

图 6-28 调整后的图片

步骤 5：在"图像"菜单中单击"调整"→"色相/饱和度"命令，如图 6-29 所示。

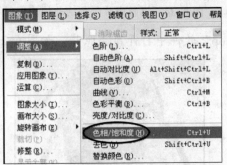

图 6-29 单击"色相/饱和度"命令

步骤 6：向右移动"饱和度"滑动条，照片会变得更鲜艳，向左则相反；"明度"滑动条可以调节照片的明暗度，如图 6-30 所示。

步骤 7：预览图片，到达满意效果后单击"确定"按钮并保存为 JPG 格式即可，如图 6-31 所示。

图 6-30 "色相/饱和度"对话框

图 6-31 调整后的商品照片

活动三：提高照片清晰度（见图 6-32）

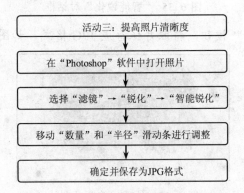

图 6-32 提高照片清晰度活动的流程

步骤 1：有时会因为拍摄照片时手抖动，导致图片模糊，此时可以利用"Photoshop"软件的锐化功能进行处理。在"Photoshop"软件中打开商品照片，如图 6-33 所示。

步骤 2：打开"滤镜"菜单，单击"锐化"→"智能锐化"命令，如图 6-34 所示。

图 6-33 打开商品图片

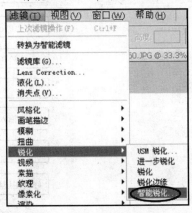

图 6-34 单击"智能锐化"命令

步骤3：在弹出的"智能锐化"对话框中，分别移动"数量"和"半径"滑动条，在"移去"下拉列表中选择"高斯模糊"项，然后勾选"更加准确"复选框，如图 6-35 所示。

图 6-35　"智能锐化"对话框

步骤4：单击"确定"按钮，将照片保存成 JPG 格式，如图 6-36 所示。

图 6-36　处理后的商品图片

活动四：为商品图片制作水印（见图 6-37）

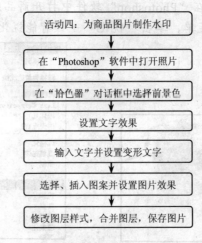

图 6-37　为商品图片制作水印活动的流程

步骤1：在"Photoshop"软件中打开商品照片，如图6-38所示。

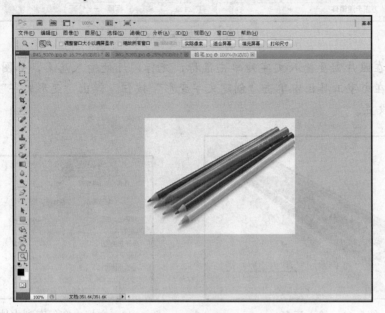

图6-38 商品图片

步骤2：在工具栏中单击"设置前景色"按钮■，打开"拾色器"对话框选择颜色，单击"确定"按钮，如图6-39所示。

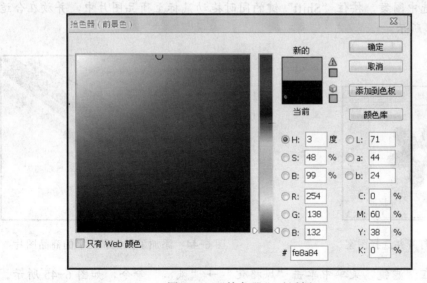

图6-39 "拾色器"对话框

步骤3：在工具栏中单击"横排文字工具"按钮Ｔ，在选项面板上选择"方正卡通简体"字体（这里可以根据店铺和商品的特点来选择字体），文字大小设为"24点"，颜色设为"#fe8a8a"，字形设为"浑厚"，如图6-40所示。

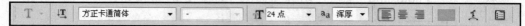

图 6-40　设置文字格式

步骤 4：在照片需要输入文字处单击鼠标，光标闪烁处输入店名，如图 6-41 所示。

步骤 5：在文字工具栏中单击"创建文字变形"按钮，弹出"变形文字"对话框，按图 6-42 进行设置。

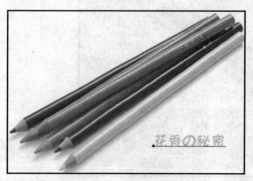

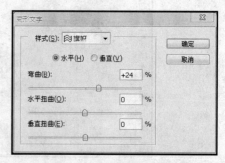

图 6-41　输入店名 　　　　　图 6-42　文档内容保存到本地计算机中

步骤 6：打开一幅照片作为水印店标的图案，并用工具栏中的魔术棒 选择图案，如图 6-43 所示。

步骤 7：选中图案，按住"Shift"键的同时拖动鼠标至商品图片中，并放在合适的位置，如图 6-44 所示。

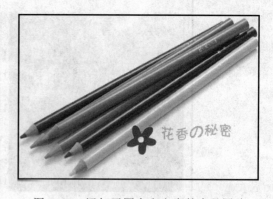

图 6-43　打开并选择图案 　　　　图 6-44　添加了图案和文字的商品图片

步骤 8：在"滤镜"菜单中单击"风格化"→"风…"命令，如图 6-45 所示。

步骤 9：在弹出的对话框中进行设置，预览后单击"确定"按钮，如图 6-46 所示。

步骤 10：在工具栏中单击"横排文字工具"按钮，输入淘宝店地址，并设置文字大小及文字变形等，如图 6-47 所示。

步骤 11：单击"图层"菜单中的"图层样式"命令，在弹出的对话框中勾选"斜面和浮雕"选项，如图 6-48 所示。

图 6-45　单击"风…"命令

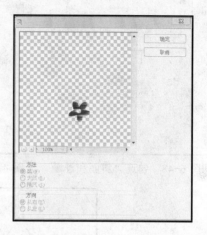

图 6-46　滤镜"风…"效果

步骤 12：选中图层"花香の秘密"，然后单击"图层"菜单中的"图层样式"命令，勾选"描边"选项，在弹出的对话框中将颜色改为"#fee1e1"，预览满意后单击"确定"按钮，如图 6-49 所示。

步骤 13：单击"图层"菜单中的"合并图层"命令，最后保存图片为 JPG 格式，如图 6-50 所示。

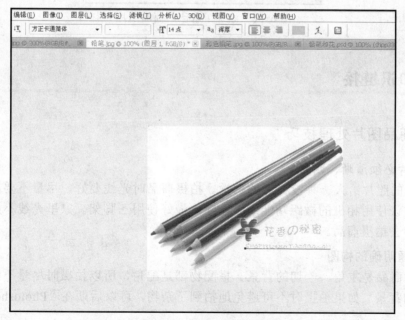

图 6-47　添加店铺地址

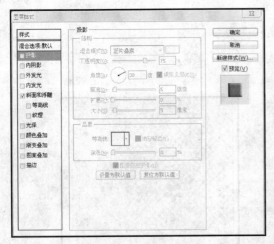

图 6-48　勾选"斜面和浮雕"选项　　　　图 6-49　勾选"描边"选项

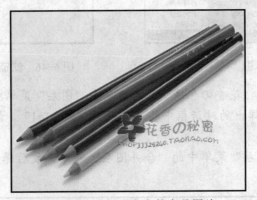

图 6-50　添加了水印的商品图片

知识链接

一、商品图片处理技巧

1．照片必须清晰、明亮

不清晰的照片给人一种没诚意的感觉。拍摄商品时光线要好，尽量不要用灯光，以免偏色。建议使用相机的微距功能或大光圈，最好使用三脚架。家里光线不好时可以到室外环境中去拍摄商品。

2．主题明确的构图

要明确商品是主角，一切的背景、搭配物都是配角，所以拍摄时尽量不要选择太花哨和杂乱的背景。如果拍摄时不可避免地拍到了杂物，可以后期在"Photoshop"软件里进行处理。

3．全面地体现商品的卖点和细节

例如商品的卖点是"细节精致"，就应该上传一张大图，以展示细节。如果商品的卖点是"绝对正版"，就应该着重拍摄防伪标签。

4．带着创意去修图

商品图片千篇一律，会让顾客厌烦。让自己的图片有一点创意，让买家浏览起来心情轻松愉快，可以感受到卖家的用心和诚意。

5．合理的搭配，点睛的点缀

比如在拍摄一个手提包时偶然发现带子可以摆成心形，加上两朵花还可以让图片更具有立体感。这时可以将这个成本只有一块钱的花，设计成"买包送花"促销活动。小小的礼物，吸引顾客购买。

6．严禁过度使用"Photoshop"软件处理图片

用数码相机拍摄的图片都偏灰，适度地提高亮度是必需的，但不要过度使用"Photoshop"软件，把商品过度美化。保持商品的真实感，并且漂亮的图片才是最好的。

7．图片要丰富、全面

一张图片不能说明问题时，可以用几张图片（如正面、左侧和右侧等角度的图片）把商品最特别的地方都展现出来。

二、使用"Photoshop"软件进行商品抠图

利用"Photoshop"软件进行抠图操作的图片通常有产品图片、装修素材图片等。

常用的图片类型分为两种，即位图和矢量图。矢量图可以无限放大或缩小而效果不变，图像不失真；相反，图片放大后出现失真、模糊的就是位图。相机照出来的都是位图，不论位图像素高低，放大到一定程度都会出现失真模糊的情况。在印刷品或计算机中大多使用的是位图。

"Photoshop"软件主要是针对位图进行一些处理。我们把一个"图层"当做一块透明的玻璃，在这块玻璃上画上人的身子，在另一块玻璃上画上人的衣服，叠加起来就变成一幅人物画。天气凉了，需要更换衣物时只需拿掉画有衣服的玻璃，在另一块玻璃上重新画上一件新衣服，再叠加就完成了替换。所以，当完成了一个满意的部分之后，可以重新建立一个"图层"用来设计另一个部分。以后需要局部改变时，只要修改其中一层即可。

选区的虚线实际上是一个区域的预览，并没有实际功能。要确定在哪个"图层"上实现效果，是否要新建立一个"图层"。选区选择好之后，就需要对选区进行调整，一般是利用色阶调整颜色、复制选区中的色块、填充某个颜色至选区等操作。选区是"Photoshop"软件中最实用的功能，经常和移动工具配合使用。

套索工具和选区工具的用途基本一样。区别是套索工具相对灵活，可以轻松地按照自己的想法绘制选区。套索工具不是用来"抠图"的，例如很多网店产品不错，但图片边缘有锯齿状，原因就是店主用了抠图方式。

仿制图章工具在处理淘宝网店的图片时是非常重要的。使用时，在工具箱中选取仿制

图章工具，然后把鼠标放到要被复制的图像窗口上，这时鼠标会显示为一个图章的形状，按住"Alt"键，单击一下鼠标进行定点选样，这样复制的图像就被保存到剪贴板中了。把鼠标移到要复制图像的窗口中，选择一个点，然后拖动鼠标即可逐渐地出现复制的图像。

历史笔工具必须配合历史控制面板一起使用。它可以通过在历史控制面板中定位某一步操作，而把图像在处理过程中的某一状态复制到当前层中。在历史笔工具属性栏中，"Brush"选项用于选择笔刷；"Mode"选项用于选择混合模式；"Opacity"选项用于设定不透明度。

选取钢笔工具后，沿着需要的图形边上单击。然后沿着图形的边线在不远处再次单击，这时不要放开鼠标左键，往左右拉会让两点之间的直线变为弧线，当弧线重合边线后，放开鼠标单击下一点。以此类推，当最后一个节点距第一个节点不远时，第一个节点会变成一个小圆圈，单击这个小圆圈。最后在选取钢笔工具时单击鼠标右键，选取建立选区。这样就完成了此次抠图操作。

三、去除水印的方法

选取仿制图章工具，按住"Alt"键，在无文字区域单击相似的色彩或图案采样，然后在文字区域拖动鼠标复制以覆盖文字。要注意的是，采样点即复制的起始点。选择不同的笔刷直径会影响绘制的范围，不同的笔刷硬度会影响绘制区域的边缘融合效果。

巩固训练

一、单项选择题（请将最佳选项代号填入括号中）

1. 调整曝光不足或曝光过度的商品照片，使用"图像→调整"中的（　　）命令。

   A．"曝光度"　　　　　　　　　　B．"亮度/对比度"

   C．"色阶　　　　　　　　　　　　D．"曲线"

2. 一般来说，利用"曲线"对话框可以使图片（　　）。

   A．曝光度不足　　B．更加清晰　　C．颜色变得鲜亮　　D．改变大小

3. 以下不可以用来抠图的工具是（　　）。

   A．"钢笔"　　　B．"仿制图章"　　C．"魔术棒"　　　D．"模糊工具"

二、操作题

操作题1：为商品照片添加水印。

【目标】知道添加水印的目的。

【要求】学生独立完成添加水印的操作。

操作题2：调整曝光过度的照片。

【目标】掌握调整曝光过度照片的方法。

【要求】学生独立完成调整曝光过度照片的操作。

 **评价报告**

学会商品图片制作方法评价表，见表6-2。

表6-2　学会商品图片制作方法评价表

被考评人					
考评地点					
考评内容	学会商品图片制作方法能力				
考评标准	内　　容	分值/分	自我评价/分	小组评议/分	实际得分/分
	处理曝光过度或曝光不足的图片	25			
	调整照片颜色，使颜色更鲜艳	20			
	提高照片的清晰度	20			
	给商品照片添加水印	25			
	了解抠图的方法	10			
合　　计		100			

注：1. 实际得分=自我评价40%+小组评议60%。

　　2. 考评满分为100分，60~74分为及格；75~84分为良好；85分以上为优秀（包括85分）。

项目拓展训练

一、单项选择题（请将最佳选项代号填入括号中）

1. 为避免相机晃动，保证图片的清晰度，建议使用（　　）。

　　A. 三脚架　　　　B. 闪光灯　　　　C. 柔光灯　　　　　D. "高级"

2. 数码相机的对焦设置一般有手动、自动、微距、泛焦、无穷远几种方式。拍摄商品细节时一般使用（　　）。

　　A. 自动　　　　　B. 微距　　　　　C. 泛焦　　　　　　D. 无穷

3. 在运用"三分法则"拍摄时可直接调出相机的"井"字辅助线，将拍摄主体放在（　　），这样能使整张图片显得庄重，而且使主体形象格外醒目。

　　A. 某一点上　　　B. 4条线上　　　C. 4个交叉点上　　D. "井"字中间

4. 拍摄瓷器时，灯光不要直接照射到瓷器上，否则会出现光斑，这时利用（　　）能很好地解决这个问题。

　　A. 柔光灯　　　　B. 暗板　　　　　C. 柔光摄影棚　　　D. 三脚架

5. 在"Photoshop"软件中，选择（　　）菜单，单击"调整"→"曲线"命令，打开"曲线"对话框，在"通道"下拉列表中选择"RGB"选项。鼠标选择 节点进行调整，向上拖动，颜色会变亮，反之会变暗。

A．"图像"　　　　B．"文件"　　　　C．"图层"　　　　D．"视图"

二、多项选择题（每题有两个或两个以上的答案，请将正确选项代号填入括号中）

1．在图像对话框中可以调整图像的（　　　　）等。

A．高度和宽度　　B．约束比例　　　　C．分辨率　　　　　D．比例约束

2．在"Photoshop"软件的"曝光度"对话框中有（　　　　）三个选项。

A．"调整"　　　B．"曝光度"　　　C．"位移"　　　　D．"灰度系数校正"

3．在"Photoshop"软件中，"索套"工具有（　　　　）。

A．索套　　　　B．圆形索套　　　C．多边形索套　　D．磁性锁套

4．设计网店店标时要从（　　　　）等方面进行考虑。

A．颜色　　　　B．图案　　　　C．字体　　　　　D．动画

三、判断题（正确的打"√"，错误的打"×"）

1．在"Photoshop"软件中使用"滤镜"→"锐化"→"智能锐化"命令可以提高照片的清晰度。　　　　　　　　　　　　　　　　　　　　　　　　　　　（　　）

2．在"Photoshop"软件中打开照片，在"曝光度"对话框中向左移动"曝光度"滑动条，可以增加照片的曝光度。　　　　　　　　　　　　　　　　　　（　　）

3．照相时要保证手不抖动，一定要用双手握住相机，右手食指按快门。按动快门时要利索快捷，身体不要晃动。　　　　　　　　　　　　　　　　　　（　　）

4．拍摄环境最好选择白天，选用自然光线是最理想的，直接在阳光下拍摄最方便。　　　　　　　　　　　　　　　　　　　　　　　　　　　　　　　（　　）

5．位图可以无限放大或缩小而效果不变，不会模糊，不会失真；反之，图片放大后失真了就是矢量图。　　　　　　　　　　　　　　　　　　　　　　（　　）

四、操作题

操作题 1：调整曝光过度的照片。

【目标】学会调整曝光不足或曝光过度照片的方法。

【要求】学生独立完成调整曝光过度照片的操作。

操作题 2：提高照片清晰度。

【目标】学会调整照片清晰度的方法。

【要求】学生独立完成调整照片清晰度的操作。

操作题 3：去掉商品图片中的水印。

【目标】学会去掉商品图片中水印的方法。

【要求】学生独立掌握去掉商品图片中水印的方法。

操作题 4：给商品图片制作水印。

【目标】学会给商品图片制作水印的方法。

【要求】学生独立掌握商品图片制作水印的方法。

操作题 5：使用"Photoshop"软件进行商品抠图。

【目标】了解"Photoshop"软件的抠图工具。

【要求】学生会使用"Photoshop"软件的抠图工具。

项目七　浏览网上商务信息

项目概要

　　本项目介绍了浏览网上信息的多种方法，以及设置浏览器、保存网上信息的方法，使学生具备使用网络浏览工具的基本能力。

项目目标

　　通过本项目的学习，让学生掌握设置浏览器、保存网上信息的方法，培养熟练操作网络浏览工具获取信息的能力，了解"自动完成"功能的设置方法。

项目准备

- 教学设备准备：多媒体网络计算机教室或电子商务实训室。
- 教学组织形式：将学生分成 2～6 人的小组，每组设一名组长。
- 项目课时安排：共 10 课时。

任务1 浏览网上商务信息

 情景导入

　　琦琦是一家服装公司的网络技术人员，公司最近在阿里巴巴网上开始了网络交易，浏览网上信息就成为了琦琦要学会的基本内容，而且还要学会浏览指定网址的网页信息，以及收藏重要的网页。

 任务目标

- 了解 IE 浏览器的启动和窗口的组成。
- 学会浏览指定网址的网页信息。
- 学会快速访问曾经访问过的网站。
- 能够熟悉使用链接访问网页。
- 掌握收藏站点的方法。

 任务步骤

活动一：访问网页（见图 7-1）

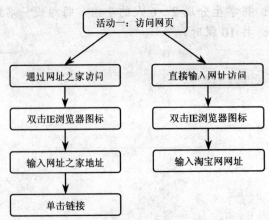

图 7-1　访问网页活动的流程

1. 通过网址之家进行访问

步骤 1：在计算机桌面上双击 IE 浏览器图标，如图 7-2 所示。

图 7-2 双击 IE 浏览器图标

步骤 2：在计算机桌面上会出现空白的网页，如图 7-3 所示。

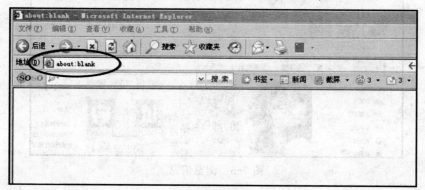

图 7-3 空白的网页

步骤 3：在地址栏中输入 http://www.hao123.com/，按回车键，如图 7-4 所示。

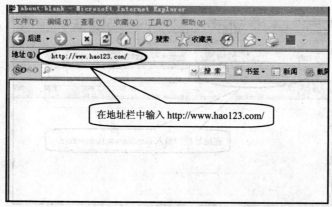

图 7-4 在地址栏中输入网址

步骤 4：在网址之家中单击"淘宝网"链接，如图 7-5 所示。

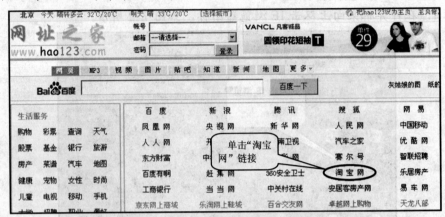

图 7-5　单击"淘宝网"链接

步骤 5：进入到淘宝网，浏览自己所需的信息内容，如图 7-6 所示。

图 7-6　浏览信息

2．直接输入网址访问

步骤 1：打开 IE 浏览器，在地址栏中输入 http://www.taobao.com/，登录淘宝网，如图 7-7 所示。

图 7-7　输入淘宝网网址

步骤 2：进入淘宝网，浏览自己所需的信息内容。

活动二：浏览网页技巧（见图 7-8）

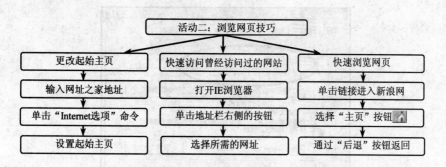

图 7-8　浏览网页技巧活动的流程

1. 更改起始主页

步骤 1：打开 IE 浏览器，在地址栏中输入 http://www.hao123.com，打开需要设置为起始主页的网站，如图 7-9 所示。

图 7-9　输入网址

步骤 2：在网址之家主页中，选择"工具"菜单，单击"Internet 选项"命令，如图 7-10 所示。

图 7-10　单击"Internet 选项"命令

步骤 3：打开 "Internet 选项" 对话框，选择 "常规" 选项卡，单击 "使用当前页" 按钮，如图 7-11 所示。

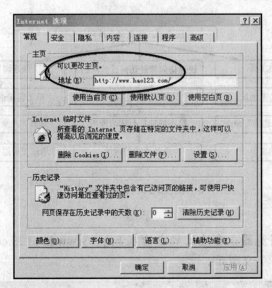

图 7-11　单击 "使用当前页" 按钮

步骤 4：在 "Internet 选项" 对话框中，单击 "确定" 按钮，关闭对话框（见图 7-12），下次启动 IE 浏览器时就会自动连接到网址之家的主页。

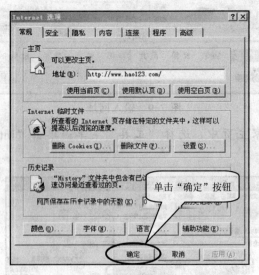

图 7-12　单击 "确定" 按钮

2．快速访问曾经访问过的网站

步骤 1：打开 IE 浏览器，单击地址栏右侧的▼按钮，在弹出的下拉列表中可以看到曾经访问过的网址，如图 7-13 所示。

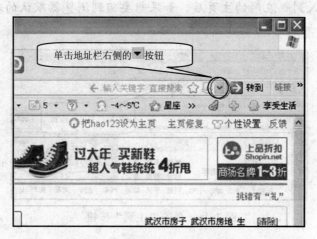

图 7-13　单击地址栏右侧的 ▼ 按钮

步骤 2：用鼠标选择所需的网址，即可打开该地址所链接的网页，如图 7-14 所示。

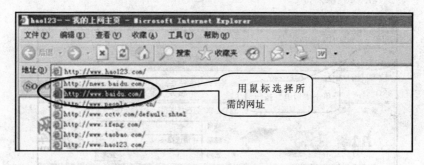

图 7-14　用鼠标选择所需的网址

3．快速浏览网页

步骤 1：打开 IE 浏览器，单击"新浪"链接进入到新浪网的主页中，如图 7-15 所示。

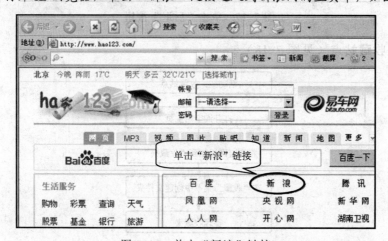

图 7-15　单击"新浪"链接

步骤 2：在进入到新浪网的主页后，如果想要回到浏览器默认的起始主页，则单击"主页"按钮，如图 7-16 所示。

图 7-16 单击"主页"按钮

步骤 3：在回到浏览器默认的起始主页后，如果单击"后退"按钮，则可以快速返回到最近浏览过的网页，如图 7-17 所示。"前进"按钮的作用与"后退"按钮的作用正好相反。

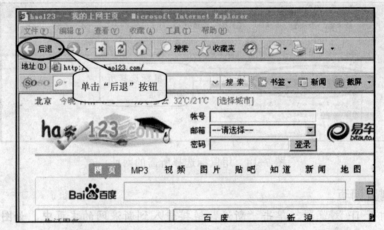

图 7-17 单击"后退"按钮

活动三：收藏站点（见图 7-18）

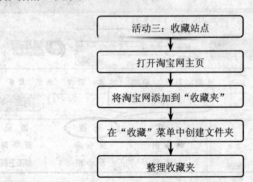

图 7-18 收藏站点活动的流程

步骤 1：如果要将淘宝网的网址添加到收藏夹中，则在网址之家中单击"淘宝网"链接，如图 7-19 所示。

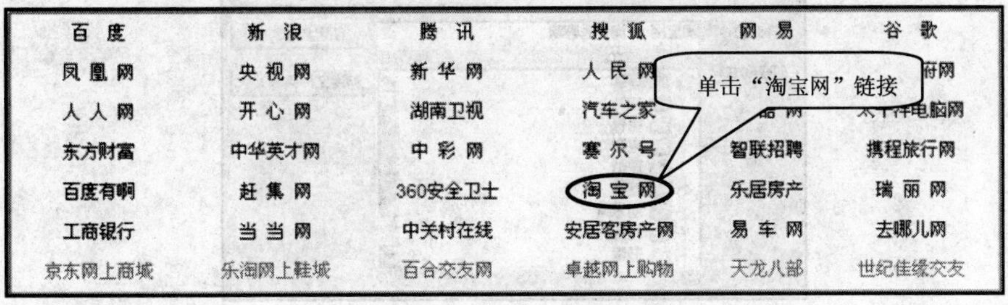

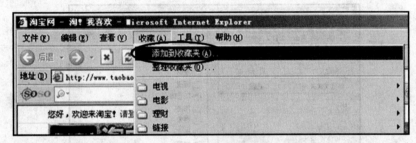

图 7-19 单击"淘宝网"链接

步骤 2：进入到淘宝网的主页中，选择"收藏"菜单，单击"添加到收藏夹"命令，如图 7-20 所示。

图 7-20 单击"添加到收藏夹"命令

步骤 3：单击"添加到收藏夹"命令后会弹出"添加到收藏夹"对话框，如图 7-21 所示。可以看到，在"名称"文本框中已经自动出现淘宝网的名称，也可将其命名为自己取的名字。

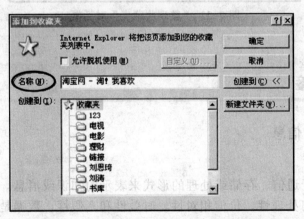

图 7-21 打开"添加到收藏夹"对话框

步骤 4：单击"确定"按钮后就将淘宝网添加到"收藏夹"中了，如图 7-22 所示。如果单击"新建文件夹"按钮，则可以创建一个新文件夹，将淘宝网添加进去。

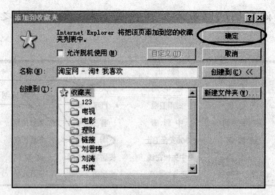

图 7-22　单击"确定"按钮

步骤 5：在 IE 浏览器中选择"收藏"菜单，单击"整理收藏夹"命令，可以打开"整理收藏夹"对话框进行各项操作，如图 7-23 所示。

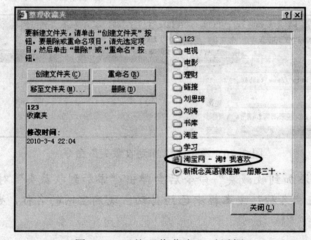

图 7-23　"整理收藏夹"对话框

 知识链接

一、如何搜索信息

1．什么是信息

信息是指以适于通信、存储或处理的形式来表示的知识或消息。其特征有传递性、共享性、依附性、可处理性、价值相对性、时效性和真假性；数据是信息的载体。

广义地说，信息就是消息。对人类而言，人的五官生来就是为了感受信息的，它们是信息的接收器，它们所感受到的一切都是信息。然而，大量的信息是五官不能直接感受的，人类正通过各种手段，发明各种仪器来感知它们，发现它们。

2．如何搜索信息

直接访问某个网站是便捷地获取信息的方式之一，但是如果不知道信息在哪个网站（例如搜索"信息技术教育"的信息），那么该怎么办？有效的方法有以下几种。

1）在搜索框中输入要查找信息的关键词。搜索以关键词为核心，现在所有的搜索引擎主要都是以关键词建立倒排文档索引来组织知识内容的，所有的搜索也是以关键词搜索为最主要的方式。

2）确定多个关键词。单一关键词的搜索效果如果不好，刚使用多个关键词进行搜索这就需要结合自己的知识结构和对所查问题的理解来确定几个相关的关键词。

二、快速浏览网页技巧

IE 是由微软公司基于 Mosaic 开发的网络浏览器。IE 是使用计算机网络时必备的重要工具软件之一，在互联网应用领域是必不可少的。IE 与 Netscape 类似，也内置了一些应用程序，具有浏览、发信、下载软件等多种网络功能。

1．快速显示页面

IE 提供了关闭系统图像、动画、视频、声音及优化图像抖动等项目的功能，关闭这些功能能够加快浏览速度。只需选择"工具"菜单的"Internet 选项"命令，打开"Internet 选项"对话框，然后单击"高级"选项卡，最后从"多媒体"框中取消不想显示的项目即可达到目的。

2．快速进行搜索

只需执行如下步骤即可快速得到所需信息：

首先启动 IE 并连接到 Internet 上，单击快捷工具栏上的"搜索"按钮，在 IE 窗口左边会打开一个专门的"搜索"窗口；

然后在"请为您的搜索选择一个类别"列表框中选择直接在 Internet 上进行查找，还是从以前曾经查找过的内容中进行查找。若没有特殊需要，应选择"查找网页"选项；最后在"包含下列内容"列表框中输入需要查找的内容，并单击"搜索"按钮即可。

3．快速获取阻塞时的信息

由于网络阻塞，浏览某些页面时会特别慢，当访问热门站点时情况可能更加突出。简单的办法是单击浏览器工具栏的"STOP/停止"按钮，这样就会终止下载，但可以显示已接收到的信息。等网络畅通后，可以单击"刷新"按钮再重新连接该网站。

4．快速还原 IE 的设置

如果在安装了 IE 和 Internet 工具之后又安装了其它 Web 浏览器，那么某些 IE 设置可能会被改变。可以将 IE 设置还原为最初的默认设置，包括主页、搜索页以及默认浏览器的选择，而不更改其它浏览器的设置。在"工具"菜单中单击"Internet 选项"命令，单击"程序"选项卡中的"重置 Web 设置"按钮即可。

5．快速查找以前找过的信息

单击"搜索"按钮，在浏览器左边出现的搜索助手中选择"以前的搜索"选项，就可以列出用户以前的搜索链接列表。IE 可以保存以前搜索的类别。

6. 快速查看历史记录

IE 利用其缓存功能可以将用户最近浏览过的信息保存下来，这样用户就可以利用 IE 的脱机浏览功能在没有连接 Internet 的情况下查看这些历史信息，从而提高上网效率。

首先在脱机状态下启动 IE，选择"文件"菜单中的"脱机工作"命令，激活 IE 的脱机浏览功能。然后单击快捷工具条上的"历史"按钮，打开 IE 的"历史记录"窗口。此时"历史记录"窗口会将用户最近浏览过的网址按时间顺序显示出来，用户可以从中选择某个以前已经查看过的网址，这样 IE 就会在脱机状态下将相应的网页内容显示出来。

7. 快速到达 IE 根目录

如果正在用 IE 浏览网页的时候，突然想要到硬盘上查找资料怎么办呢？把浏览器最小化，再返回到资源管理器中进行查找，这是最常规的做法。但是有没有更简单的方法呢？只要在地址栏中输入 "\"，再按回车键就可以到达硬盘的根目录了。如果又要返回原来浏览的网页，只要单击"后退"按钮就可以了。

8. 用 IE 快速查看硬盘文件

只要在地址栏中输入路径，如输入 C:\Temp，即可直接转到硬盘上的 Temp 子目录中。若要在网页间切换，可用"上一页"或"下一页"按钮。这样就不必再单独打开资源管理器了。

9. 用 IE 快速打开系统文件夹

要打开一些系统文件夹，如"打印机"、"控制面板"、"拨号网络"等，只需在 IE 的地址栏中键入相应的文件夹名称，按回车键即可。在 Windows 系统中，浏览器和资源管理器是紧密地结合在一起的，即两者的切换取决于用户在地址栏中输入的是文件夹，还是 URL 网址。这就是说，以上所述对 IE 和资源管理器是同样适用的。

10. 快速前后翻页

在 IE 中有"后退"、"前进"两个按钮，在填写表单或在论坛发表文章等场合，用这两个按钮有助于用户修改、重复发送信息，节约在线时间。这两个按钮不仅能访问前后页，还能迅速达到某个网页：在浏览器"后退"按钮旁有个按钮，单击它即可弹出一个下拉列表，其中列出了许多网址，选择一个需要快速到达的页面即可。"前进"按钮也有同样功能。

11. 加速网页下载

如果用户浏览的网页为相对固定的一些网站，适当加大 Cache 可加快浏览速度。如果用户每次浏览的网页都不固定，则 Cache 不应太大，以防止浏览器在硬盘 Cache 中浪费搜索时间。具体改变 Cache 大小的方法为：单击"工具"菜单中的"Internet 选项"命令，选择"常规"选项卡，在"Internet 临时文件"栏中单击"设置"按钮，设置"使用磁盘空间"项，最后单击"确定"按钮。

 巩固训练

一、单项选择题（请将最佳选项代号填入括号中）

1. 广义地说，信息就是（　　）。

A．信息　　　　B．消息　　　　C．数据　　　　D．文件

2．由于网络阻塞，浏览某些页面时会特别慢，简单的办法是单击浏览器工具栏的"STOP/停止"按钮，这样就会终止下载。等网络畅通后，可以单击（　　）按钮再重新连接该网站。

A．"前进"　　　B．"主页"　　　C．"后退"　　　D．"刷新"

3．在 IE 浏览器中选择"收藏"菜单，单击"整理收藏夹"命令，可以打开（　　）对话框进行各项操作。

A．"整理收藏夹"　　　　　　　B．"收藏收藏夹"

C．"创建收藏夹"　　　　　　　D．"收藏夹"

二、操作题

操作题1：在 IE 浏览器中，将网址之家设置为起始主页。

【目标】学会 IE 浏览器起始主页的设置方法。

【要求】学生独立完成 IE 浏览器的起始主页设置。

操作题2：收藏站点。

【目标】学会将重要的网页保存起来，学会整理收藏夹。

【要求】（1）将新浪网的地址收藏在"门户"文件夹中。

（2）创建一个新文件夹。

（3）整理文件夹，并进行各项操作。

 评价报告

浏览网上商务信息评价表，见表 7-1。

表 7-1　浏览网上商务信息评价表

被考评人				
考评地点				
考评内容	浏览网上商务信息能力			
	内　容	分值/分	自我评价/分	小组评议/分	实际得分/分
考评标准	访问网页	20			
	更改起始主页	25			
	快速访问曾经访问过的网站	25			
	收藏站点	20			
	整理收藏夹	10			
合　计		100			

注：1．实际得分=自我评价40%+小组评议60%。

2．考评满分为100分，60～74分为及格；75～84分为良好；85分以上为优秀（包括85分）。

任务 2　保存网上信息

情景导入

　　琦琦在服装公司中负责收集网络信息的任务，她必须要学会保存网页的基本方法，知道保存网页中图片的技巧，能够在 Windows 的"画图"软件中编辑网页图片，对重要的网页文本信息进行复制，并保存到自己的计算机中来。

任务目标

- 掌握保存网页的基本方法。
- 了解保存网页中图片的基本方法。
- 能够在 Windows 的"画图"软件中编辑网页中的图片。
- 熟悉复制网页文本信息的方法。

任务步骤

活动一：保存网页（见图 7-24）

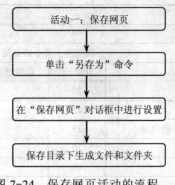

图 7-24　保存网页活动的流程

　　步骤 1：找到需要保存的网页，在菜单栏中选择"文件"菜单，单击"另存为"命令，如图 7-25 所示。

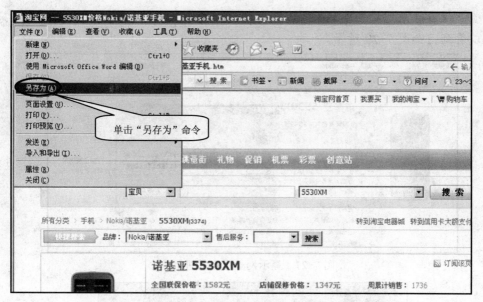

图 7-25 单击"另存为"命令

步骤 2：在弹出来的"保存网页"对话框的"保存在"下拉列表中选择保存路径；在"文件名"文本框中为要保存的网页输入一个新名称或者使用默认的名称；在"保存类型"下拉列表中保持默认的保存类型"网页，全部（*.htm；*.html）"。设置完后单击"保存"按钮，如图 7-26 所示。

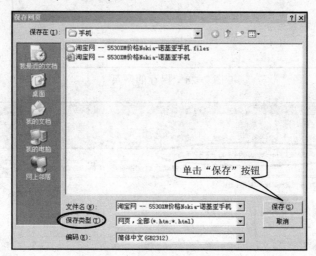

图 7-26 "保存网页"对话框

步骤 3：单击"保存"按钮后将出现"保存网页"提示框，显示当前网页保存的进程，当前网页将被保存到指定的文件夹中，如图 7-27 所示。

步骤 4：保存完成后，在保存目录下会生成一个 HTML 格式文件和一个同名的文件夹，如图 7-28 所示。

步骤 5：双击"淘宝网"HTML 格式文件后会启动 IE 浏览器并打开该网页，这时打开的网页是保存在本地磁盘中的文件，而不是 Internet 服务器上的文件，这一点从地址栏中可以看到，如图 7-29 所示。

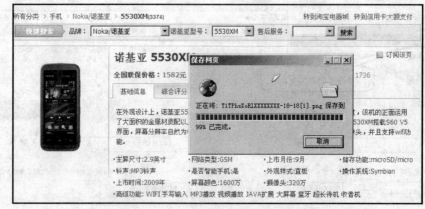

图 7-27　显示网页保存的进程

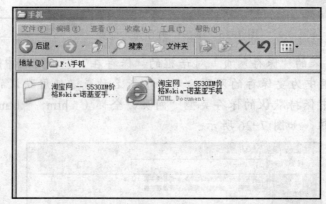

图 7-28　保存的网页

图 7-29　打开保存在本地磁盘中的网页文件

活动二：保存并编辑图片（见图 7-30）

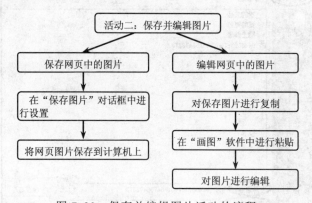

图 7-30　保存并编辑图片活动的流程

1. 保存网页中的图片

　　步骤 1：找到需要保存图片的网页，将鼠标移动到图片上，单击鼠标右键，在弹出的快捷菜单中选择"图片另存为"命令，如图 7-31 所示。

　　步骤 2：单击"图片另存为"命令后，打开"保存图片"对话框，在"保存在"下拉列表中选择保存路径；在"文件名"文本框中为要保存的图片输入一个新名称或者使用默认的名称；在"保存类型"下拉列表中选择要保存的文件类型，如图 7-32 所示。

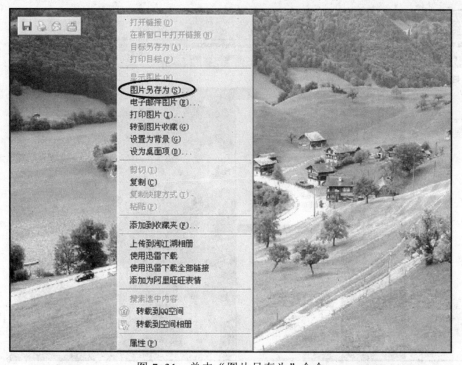

图 7-31　单击"图片另存为"命令

图 7-32　设置"保存图片"对话框

步骤 3：设置完"保存图片"对话框后，单击"保存"按钮即可将图片保存到指定的文件夹中。

2. 编辑网页中的图片

步骤 1：找到需要保存图片的网页，将鼠标移动到图片上，单击鼠标右键，在弹出的快捷菜单中选择"复制"命令，如图 7-33 所示。

图 7-33　选择"复制"命令

步骤 2：在桌面上单击"开始"→"程序"→"附件"→"画图"命令，如图 7-34 所示。

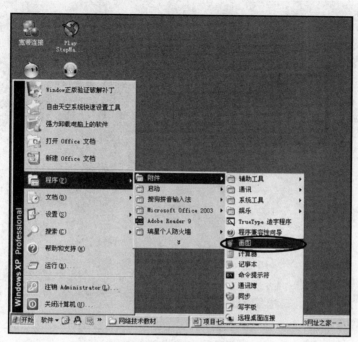

图 7-34 单击"画图"命令

步骤 3：单击"画图"命令后会打开"画图"软件。单击"编辑"菜单，选择"粘贴"命令，如图 7-35 所示；或者单击鼠标右键，在弹出的快捷菜单中选择"粘贴"命令；或者按"Ctrl"＋"V"键将其粘贴到文件中。

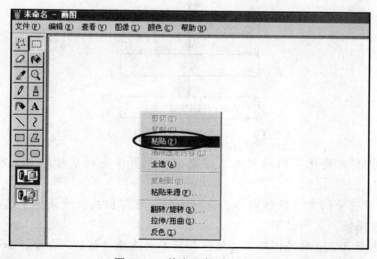

图 7-35 单击"粘贴"命令

步骤 4：完成粘贴操作后，就将网页图片复制到"画图"软件中了，即可对它进行编辑，如图 7-36 所示。

图 7-36　对图片进行编辑

活动三：复制网页的文本信息（见图 7-37）

图 7-37　复制网页的文本信息活动流程

步骤 1：找到需要保存的网页文本信息，在网页中拖动鼠标选中文字，如图 7-38 所示。

步骤 2：在选中的文字区域内单击鼠标右键，在弹出的快捷菜单中选择"复制"命令，如图 7-39 所示。

步骤 3：打开 Word 软件，单击"编辑"菜单，选择"粘贴"命令，如图 7-40 所示；或者单击鼠标右键，在弹出的快捷菜单中单击"粘贴"命令；或者按"Ctrl"+"V"键将其粘贴到 Word 文档中。

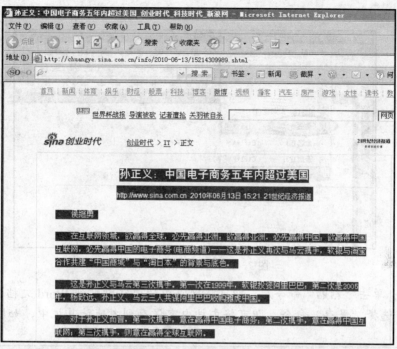

图 7-38 选中网页文本信息

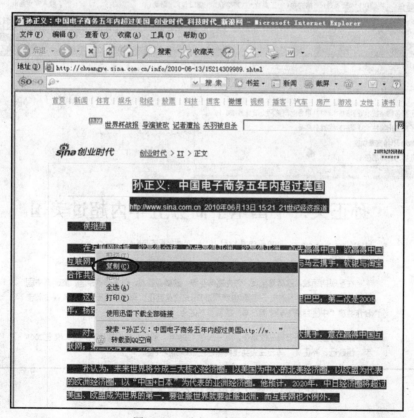

图 7-39 选择"复制"命令

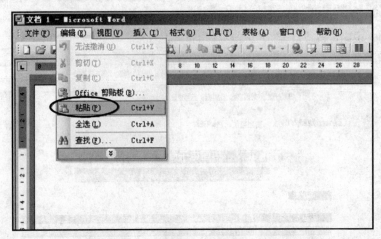

图 7-40　选择"粘贴"命令

步骤 4：单击"粘贴"命令后，即可将网页中的内容粘贴到 Word 文档中。单击"文件"菜单，选择"保存"命令，即可将文档内容保存到本地计算机中，如图 7-41 所示。

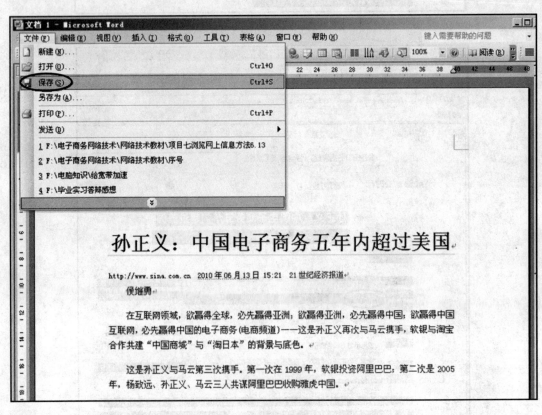

图 7-41　将文档内容保存到本地计算机中

知识链接

在 IE 中保存图片，只需把图片拖动到合适的文件夹中即可。保存图片还可以采用以下几种方法。

1．保存网页中所有图片

如果想保存整个网页中的所有图片，则可以采用以下方法：在 IE 浏览器的"文件"菜单中选择"另存为"命令，把整个网页保存到硬盘上，然后从中找到图片即可。注意：在"保存类型"下拉列表中要选择"网页，全部（*.htm;*.html）"项。

2．将网页上的图片拖到硬盘上

在桌面上单击鼠标右键，在弹出的快捷菜单中选择"新建"→"文件夹"命令，为文件夹命名。在网页上看到需要保存的图片时，按住鼠标左键拖动图片到该文件夹中即可保存图片。

3．保存加密图片

网页中有些图片是经过加密处理的，不能直接通过鼠标右键下载，也不能把网页保存到硬盘上。这样的加密图片该怎么保存呢？只要先后打开两个 IE 浏览器，其中一个用来显示包含要下载图片的网页，另一个用来保存图片。用鼠标左键按住想要保存的图片不放，并往另外一个 IE 浏览器中拖动，图片就会到那个 IE 浏览器中，然后使用鼠标右键的"图片另存为"命令，就可以下载加密图片了。

129

 巩固训练

一、单项选择题（请将最佳选项代号填入括号中）

1．在选中的文字区域内，单击鼠标右键，在弹出的快捷菜单中选择（　　）命令，可复制网页的文本信息。

　　A．"粘贴"　　　　B．"复制"　　　　C．"剪切"　　　　D．"字体"

2．将鼠标移动到图片上，单击鼠标右键，在弹出的快捷菜单中选择（　　）命令，可保存网页中的图片。

　　A．"显示图片"　　　　　　　　　B．"打印图片"

　　C．"电子邮件图片"　　　　　　　D．"图片另存为"

二、操作题

操作题 1：如何在自己的计算机上保存需要的网页？

【目标】学会保存网页的方法。

【要求】学生独立完成保存网页的设置。

操作题 2：在网络上看到自己喜欢的图片，该如何保存呢？

【目标】学会保存网页中图片的方法。

【要求】学生独立完成保存网页中图片的操作。

评价报告

保存网上信息评价表，见表 7-2。

表 7-2　保存网上信息评价表

被考评人					
考评地点					
考评内容	保存网上信息能力				
考评标准	内　　容	分值/分	自我评价/分	小组评议/分	实际得分/分
	保存网页的方法	25			
	保存网页中的图片	25			
	在 Windows 的"画图"软件中编辑网页中的图片	20			
	复制网页的文本信息	20			
	保存信息的其它方法	10			
合　　计		100			

注：1. 实际得分=自我评价 40%+小组评议 60%。
　　2. 考评满分为 100 分，60～74 分为及格；75～84 分为良好；85 分以上为优秀（包括 85 分）。

任务 3　设置 IE 浏览器

 情景导入

琦琦所在服装公司的计算机受到恶意攻击，不能打开网页了，公司要求琦琦将计算机修复好，并对计算机设置安全级别并使用安全证书，以防止再次受到恶意攻击，防止他人冒充自己做一些非法的事。

 任务目标

● 掌握 Internet 区域设置安全级别的基本方法。

● 了解在 Internet 选项中保护自己身份的设置方法。

● 了解设置"自动完成"功能的操作方法。

任务步骤

活动一：设置安全级别（见图 7-42）

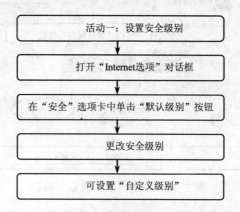

图 7-42　设置安全级别活动的流程

步骤 1： 在 IE 浏览器中打开"工具"菜单，单击"Internet 选项"命令，如图 7-43 所示。

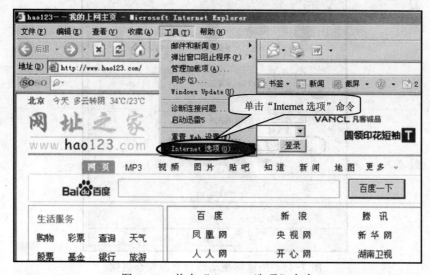

图 7-43　单击"Internet 选项"命令

步骤 2： 单击"Internet 选项"命令后会打开"Internet 选项"对话框，选择"安全"选项卡，在"该区域的安全级别"栏中单击"默认级别"按钮，如图 7-44 所示。

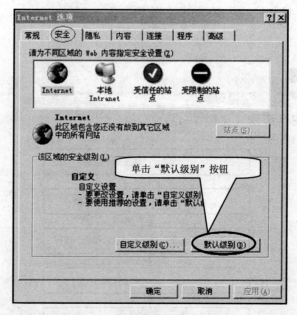

图 7-44　单击"默认级别"按钮

　　步骤 3：单击"默认级别"按钮后，竖直滑竿就显示出来了，用鼠标拖动竖直滑竿上的滑块即可更改安全级别，如图 7-45 所示。

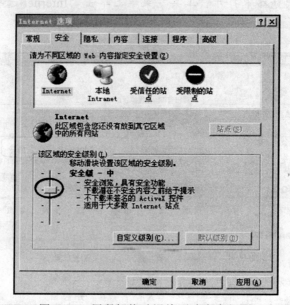

图 7-45　用鼠标拖动滑块更改安全级别

　　步骤 4：如果想对安全级别进行更为详细的自定义设置，则在"该区域的安全级别"栏中，单击"自定义级别"按钮，如图 7-46 所示。

　　步骤 5：打开"安全设置"对话框后，在"设置"列表框中选择要自定义安全级别的选项，在"重置为"下拉列表框中选择一种安全级别，设置完成后单击"确定"按钮即可使设置生效。如果单击"重置"按钮，则返回默认的安全级别设置，如图 7-47 所示。

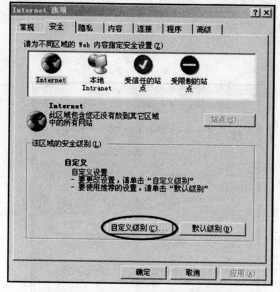

图 7-46　单击"自定义级别"按钮

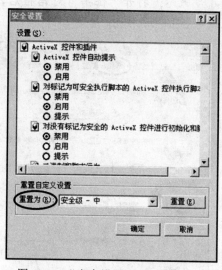

图 7-47　"安全设置"对话框

活动二：保护自己的身份（见图 7-48）

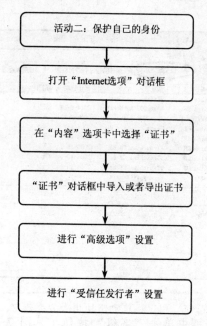

图 7-48　保护自己的身份活动的流程

步骤 1：在 IE 浏览器中打开"工具"菜单，单击"Internet 选项"命令，打开"Internet 选项"对话框，选择"内容"选项卡，如图 7-49 所示。

步骤 2：在"内容"选项卡中，单击"证书"按钮（见图 7-50），打开"证书"对话框。

步骤 3：打开"证书"对话框后，可以按类型查看相应的证书发行机构，还可以导入或导出证书，如图 7-51 所示。

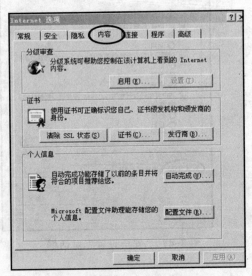

图 7-49 选择"内容"选项卡

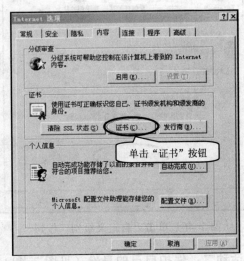

图 7-50 单击"证书"按钮

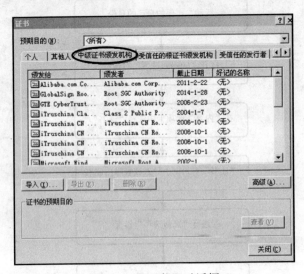

图 7-51 "证书"对话框

步骤 4：在"证书"对话框中单击"高级"按钮（见图 7-52），进入"高级选项"对话框。

步骤 5：在进入"高级选项"对话框后，在"证书目的"列表框中根据需要选中不同的复选框，如图 7-53 所示。

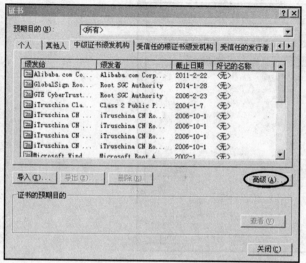

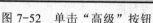

图 7-52　单击"高级"按钮

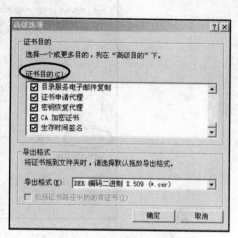

图 7-53　"高级选项"对话框

步骤 6：在"高级选项"对话框的"导出格式"下拉列表框中选择一种格式，设置完成后单击"确定"按钮返回上一级，如图 7-54 所示。

步骤 7：在"内容"选项卡中单击"发行商"按钮，打开"证书"对话框的"受信任的发行者"选项卡，如图 7-55 所示。

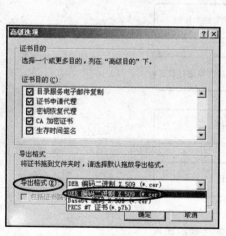

图 7-54　设置"高级选项"对话框

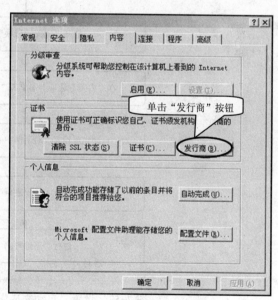

图 7-55　单击"发行商"按钮

步骤 8：打开"证书"对话框的"受信任的发行者"选项卡后，用户可以在其中指定受信任的软件发行商和凭证代理商，Windows 应用程序将从发行商或代理商那里获得软件进行安装并使用，如图 7-56 所示。

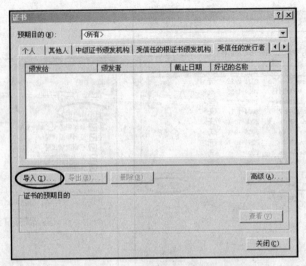

图 7-56　指定受信任的软件发行商

活动三：设置"自动完成"功能（见图 7-57）

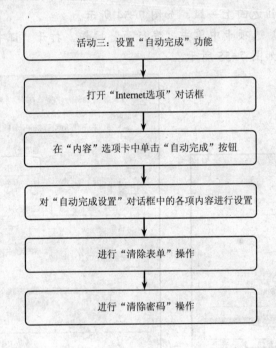

图 7-57　设置"自动完成"功能活动的流程

步骤 1：在 IE 浏览器中打开"工具"菜单，单击"Internet 选项"命令，打开"Internet 选项"对话框，选择"内容"选项卡，如图 7-58 所示。

步骤 2：选择"内容"选项卡后，在"个人信息"栏中单击"自动完成"按钮，如图 7-59 所示。

步骤 3：单击"自动完成"按钮后会打开"自动完成设置"对话框，"自动完成"功能能够记住用户以前输入的网页地址、表单和密码。在"自动完成功能应用于"栏中勾选应用对象。如果勾选了"表单上的用户名和密码"选项，还可以继续勾选"提示我保存密码"选项，这样当用户在密码区域中输入密码后会自动弹出一个提示框，提示用户保存密码，如图 7-60 所示。

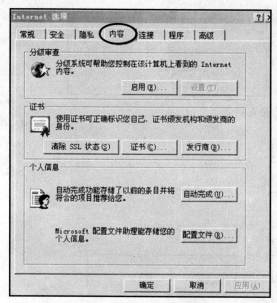

图 7-58　选择"内容"选项卡

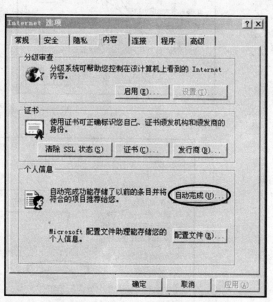

图 7-59　单击"自动完成"按钮

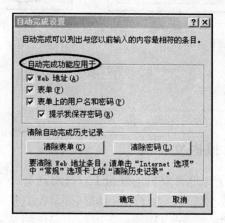

图 7-60　"自动完成设置"对话框

步骤 4：在"自动完成设置"对话框中单击"清除表单"按钮，会弹出"是否清除以前保存的表单条目（密码除外）？"提示框，单击"确定"按钮，可以清除表单中的建议项，如图 7-61 所示。

步骤 5：在"自动完成设置"对话框中单击"清除密码"按钮，会弹出"清除以前保存的所有密码？"提示框，单击"确定"按钮，可以清除保存的密码，如图 7-62 所示。

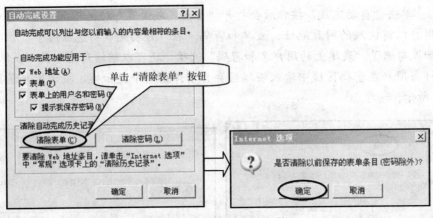

图 7-61　清除保存的表单

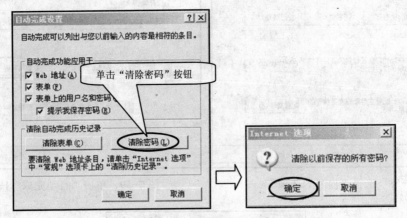

图 7-62　清除保存的密码

 知识链接

一、设置 Internet 临时文件夹

　　Internet 临时文件夹位于本地计算机的硬盘上，在浏览 Web 页面的时候，一些临时文件（包括网页和图片）都存放在这里。由于 IE 可以从硬盘上直接打开已经查看过的网页，因此，适当增加临时文件夹的容量，可以快速显示以前访问过的 Web 页面。另外，由于 Internet 临时文件夹的存在，用户可以在离线状态下浏览这些保存下来的页面。在"Internet 选项"对话框中，单击"Internet 临时文件"栏中的"设置"按钮（见图 7-63）会弹出一个"设置"对话框，如图 7-64 所示。向右拖动"使用磁盘空间"栏中的滑块，增加临时文件的容量到合适值，以创建更多的空间存放 Web 页面，然后单击"确定"按钮返回。在"Internet 选项"对话框中，单击"删除文件"按钮可以删除临时文件夹中已经保存的页面。

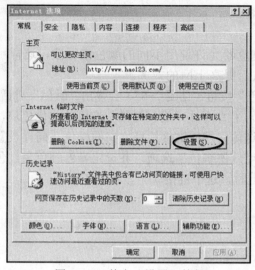

图 7-63　单击"设置"按钮

图 7-64　"设置"对话框

二、设置代理服务器

上网浏览网页的过程中经常会遇到某些站点无法被直接访问或者直接访问速度较慢的问题，这时就可以使用代理服务器达到快速访问的目的。

在 IE 浏览器中选择"工具→Internet 选项"命令，在弹出的"Internet 选项"对话框中选择 "连接"选项卡，在"拨号和虚拟专用网络设置"栏中选择一个拨号连接，然后单击右侧的 "设置"按钮，如图 7-65 所示。在弹出的对话框中选中"代理服务器"项，并在"地址"文本框中输入 IP 地址，"端口"文本框中填写 3128，如图 7-66 所示。

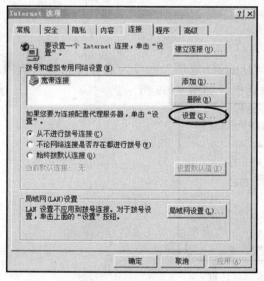

图 7-65　"连接"选项卡

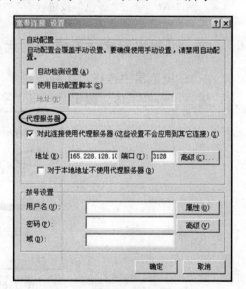

图 7-66　设置使用代理服务器

139

三、设置颜色

对于已经访问过的网址或者链接，IE 浏览器允许使用不同的颜色来标注，这样可以一目了然，知道哪些地址已经被访问过，从而提高上网的效率。

在"Internet 选项"对话框中，单击"颜色"按钮（见图 7-67）会弹出"颜色"对话框，如图 7-68 所示。在"设置"对话框的"链接"栏中单击"访问过的"右侧的颜色色块，在弹出的颜色设置窗口中选择一种颜色作为已经访问过的链接地址文字的颜色，同样设置好未访问过的链接地址文字的颜色；选中"使用悬停颜色"选项，并设定悬停颜色为红色，这样在浏览网页的过程中，鼠标悬停在链接上时，这个链接就会显示成红色。

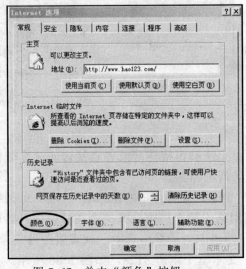

图 7-67　单击"颜色"按钮

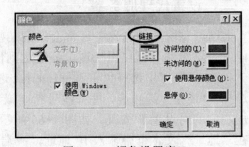

图 7-68　颜色设置窗口

四、设置显示字体及字体的大小

在 IE 浏览器中选择"工具"菜单，单击"Internet 选项"命令，选择"常规"选项卡，然后单击"字体"按钮会弹出"字体"对话框，如图 7-69 所示。

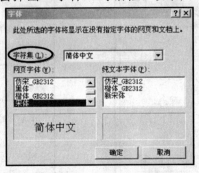

图 7-69　"字体"对话框

在"字符集"下拉列表中选定当前网页浏览时需要使用的语言字符种类，在这里设置成

"简体中文"。设定好字符集以后设置网页显示时的主体字,在"网页字体"列表中选择"仿宋 GB_2132"项;另外,在"纯文本字体"列表中设置字体为"宋体"。当更换不同的字体时,在预览框中会提示当前选中字体的样式。在 IE 浏览器中选择"查看"→"文字大小"命令,这时 IE 浏览器会给出用于显示文本字体的大小标准,包括最大、较大、中、较小和最小五种类型,选择所需的字体大小即可。

五、IE 默认连接首页被修改

1. 解决办法

在 Windows 系统启动后,单击"开始"→"运行"命令,在"运行"对话框中输入 regedit,然后单击"确定"按钮;展开注册表到"HKEY_LOCAL_MACHINE\SOFTWARE\Microsoft\Internet Explorer\Main"下,在右半部分窗口中找到串值"Start Page"并双击,将"Start Page"的键值改为"about:blank"即可;同理,展开注册表到"HKEY_CURRENT_USER\Software\Microsoft\Internet Explorer\Main"下,在右半部分窗口中找到串值"Start Page"并双击,然后将"Start Page"的键值改为"about:blank"即可,如图 7-70 所示。

退出注册表编辑器,重新启动计算机。

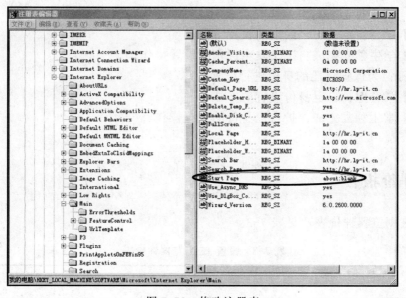

图 7-70 修改注册表

2. 特殊例子

IE 浏览器的起始页被改成其它网址,通过选项设置修改并重启后又变成被改的网址,原因是在计算机中有一个自运行程序,它会在系统启动时将计算机 IE 浏览器的起始页设成被改的网站。解决办法:运行注册表编辑器 regedit.exe,依次展开"HKEY_LOCAL_MACHINE\Software\Microsoft\Windows\Current Version\Run"主键,然后将其下的 registry.exe 子键删除,删除自运行程序"C:\Program Files\registry.exe",最后在 IE 浏览器选项中重新设置起始页。

巩固训练

一、单项选择题（请将最佳选项代号填入括号中）

1．设置"自动完成"功能时，要在 IE 浏览器中打开"工具"菜单，单击"Internet 选项"命令，打开"Internet 选项"对话框，选择（ ）选项卡。

A．"内容"　　　B．"安全"　　　　　C．"隐私"　　　　　D．"常规"

2．为 Internet 区域设置安全级别时，要在 IE 浏览器中打开"工具"菜单，单击"Internet 选项"命令，打开"Internet 选项"对话框，选择（ ）选项卡。

A．"内容"　　　B．"安全"　　　　　C．"隐私"　　　　　D．"常规"

3．在保护自己的身份设置中，需要在（ ）选项卡中单击"证书"按钮，打开"证书"对话框。

A．"程序"　　　B．"安全"　　　　　C．"隐私"　　　　　D．"内容"

二、操作题

操作题 1：根据需要对自定义安全级别进行设置。

【目标】学会自定义安全级别的设置方法。

【要求】学生独立完成自定义安全级别的设置操作。

操作题 2：为保护自己的身份进行设置。

【目标】学会保护自己身份设置的方法。

【要求】学生独立完成保护自己身份的设置操作。

 评价报告

设置 IE 浏览器评价表，见表 7-3。

表 7-3　设置 IE 浏览器评价表

被考评人					
考评地点					
考评内容		设置 IE 浏览器能力			
	内　　容	分值/分	自我评价/分	小组评议/分	实际得分/分
考评标准	设置安全级别	25			
	保护自己的身份	25			
	设置"自动完成"功能	20			
	设置 Internet 临时文件夹	20			
	IE 默认连接首页被修改	10			
	合　　计	100			

注：1．实际得分=自我评价 40%+小组评议 60%。

2．考评满分为 100 分，60～74 分为及格；75～84 分为良好；85 分以上为优秀（包括 85 分）。

项目拓展训练

一、单项选择题（请将最佳选项代号填入括号中）

1．更改起始主页时，要打开"Internet 选项"对话框，选择（　　）选项卡，单击"当前页"按钮。

    A．"常规"　　　　B．"安全"　　　　　C．"内容"　　　　　D．"高级"

2．收藏站点时，要选择"收藏"菜单，单击（　　）命令。

    A．"收藏"　　　　　　　　　　B．"整理到收藏夹"

    C．"添加到收藏"　　　　　　　D．"添加到收藏夹"

3．在保存网页中的图片操作中，找到需要保存图片的网页，将鼠标移动到图片上，单击鼠标右键，在弹出的快捷菜单中单击（　　）命令。

    A．"目标另存为"　　　　　　　B．"图片另存为"

    C．"电子邮件图片"　　　　　　D．"保存"

4．如果对安全级别想进行更为详细的自定义设置，在"该区域的安全级别"栏中单击（　　）按钮，打开"安全设置"对话框。

    A．"默认级别"　B．"自定义"　　　C．"自定义级别"　D．"站点"

5．在保护自己身份的设置中，需要在"内容"选项卡中单击（　　）按钮，打开"证书"对话框。

    A．"证书"　　　　B．"发行商"　　　C．"启动"　　　　D．"自动完成"

二、多项选择题（每题有两个或两个以上的答案，请将正确选项代号填入括号中）

1．在设置"自动完成"功能时，单击"自动完成"按钮后会打开"自动完成设置"对话框。"自动完成"功能能够记住用户以前输入的（　　　　　）。

    A．网页地址　　B．表单　　　　C．密码　　　　　D．清除表单

2．访问淘宝网的方法有（　　　　）。

    A．在地址栏中输入淘宝网网址

    B．在网址之家中单击"淘宝网"链接

    C．将淘宝网设置成为起始主页后，双击 IE 图标

    D．在百度中输入"淘宝网"

3．单击"收藏→整理收藏夹"命令，可以打开"整理收藏夹"对话框进行（　　　　　）等操作。

    A．创建文件夹　B．重命名　　　C．移至文件夹　　D．删除

4．想获取某方面信息，但不知道信息在哪个网站时，有效的查找是（　　　　）。

    A．在综合网站分类查找　　　　B．使用搜索引擎输入关键字

    C．用电子邮件询问别人　　　　D．在专业网站上查找

5．在 IE 浏览器中打开"工具"菜单，单击"Internet 选项"命令，在"Internet 选

项"对话框中有（　　　　）等选项内容。

　　A．"内容"　　　B．"安全"　　　　C．"隐私"　　　　D．"常规"

三、判断题（正确的打"√"，错误的打"×"）

1．搜索引擎是一个专门提供网络信息回答功能的网站。　　　　　（　　）

2．展开注册表的方法是：单击"开始→运行"命令，在"运行"对话框中键入 regedit，然后单击"确定"按钮。　　　　　　　　　　　　　　　（　　）

3．在"重置为"下拉列表中选择一种安全级别，设置完成后单击"确定"按钮即可使设置生效。　　　　　　　　　　　　　　　　　　　（　　）

4．启动 IE 浏览器并连接到 Internet 上，单击快捷工具栏中的"搜索"按钮，在 IE 浏览器右边会打开一个专门的"搜索"窗口，可实现快速搜索。　　（　　）

5．快速访问曾经访问过的网站的方法是：启用 IE 浏览器，单击地址栏右侧的▼按钮，在弹出的下拉列表中可以看到曾经访问过的网址，用鼠标选择所需的网址即可。
　　　　　　　　　　　　　　　　　　　　　　　　　　　（　　）

四、操作题

操作题 1：在网上搜索"网络技术"的相关信息。

【目标】学会在网上搜索"网络技术"相关信息的方法。

【要求】学生独立完成搜索"网络技术"相关信息的操作。

操作题 2：复制网页的文本信息。

【目标】学会复制网页文本信息的方法。

【要求】学生独立完成复制网页文本信息的操作。

操作题 3：在"画图"软件中编辑网页中的图片。

【目标】学会编辑网页中图片的方法。

【要求】学生独立完成编辑网页中图片的操作。

操作题 4：在 IE 浏览器中设置"自动完成"功能。

【目标】学会在 IE 浏览器中设置"自动完成"功能。

【要求】学生独立完成设置"自动完成"功能的操作。

操作题 5：设置 Internet 临时文件夹。

【目标】学会设置 Internet 临时文件夹的方法。

【要求】学生独立完成设置 Internet 临时文件夹的操作。

项目八　学会网上购物技术

项目概要

　　本项目介绍了网上购物的常用技巧,如何找到好的卖家,如何预防网络诈骗,如何淘到质优价廉的商品以及网络商店技术。

项目目标

　　通过本项目的学习,让学生掌握网上购物技巧,了解判断诚信可靠的卖家的方法,了解寻找商品的技巧,知道安全防骗技巧以及网络商店技术。

项目准备

- 教学设备准备:多媒体网络计算机教室或电子商务实训室。
- 教学组织形式:将学生分成 2～6 人的小组,每组设一名组长。
- 项目课时安排:共 6 课时。

任务1 认识网上购物技巧

 情景导入

琦琦最近迷上了网上购物，这种省时、省力、省钱的购物方法时下非常流行。如何准确、快速地淘到自己喜爱的宝贝呢？这就需要掌握一些技巧。

 任务目标

- 了解寻找诚信可靠的卖家的方法。
- 了解寻找商品的技巧。
- 了解网上交易安全技巧。
- 了解网上购物防范技术。

 **任务步骤**

活动一：寻找诚信可靠的卖家（见图 8-1）

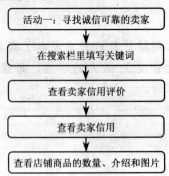

图 8-1 寻找诚信可靠的卖家活动流程

步骤 1：在淘宝网的搜索栏里填写关键词搜索相关店铺后，查看店铺的信誉情况，如图 8-2 所示。

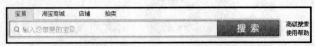

图 8-2 在搜索栏里填写关键词

步骤 2：查看卖家信用评价信息、好评比例，特别是中评和差评的解释，如图 8-3 所示。

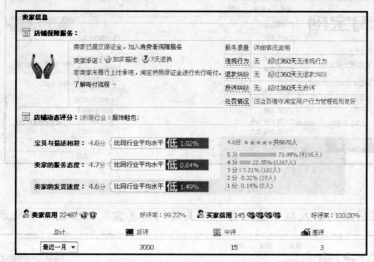

图 8-3　查看卖家评价信息

步骤 3：查看卖家店铺的信用评价指数真假，如图 8-4 所示。

步骤 4：查看店铺商品的数量、介绍和图片。

图 8-4　查看卖家信用

活动二：找到可同时购买多件商品的店铺（见图 8-5）

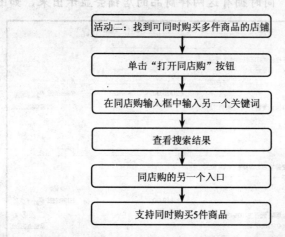

图 8-5　找到可同时购买多件商品的店铺活动流程

步骤 1：搜索"打印机"进入搜索结果页，在顶部搜索框的下拉列表中单击"打开同店购"按钮，如图 8-6 所示。

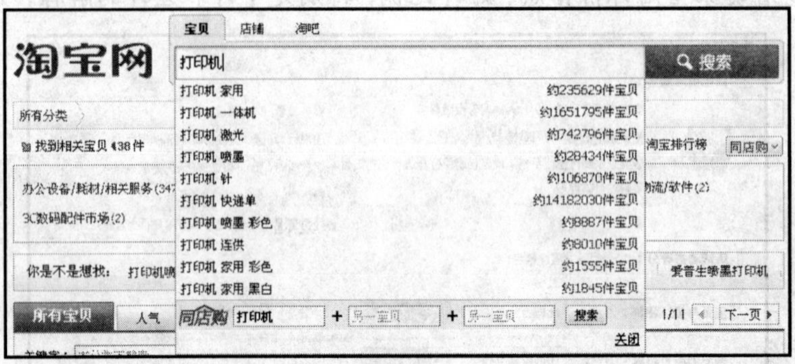

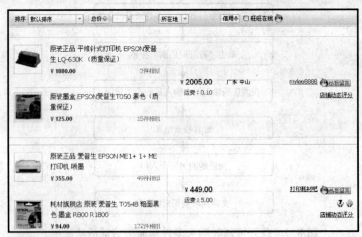

图 8-6 搜索"打印机"

步骤 2：在同店购输入框中输入另一个关键词"墨盒"，如图 8-7 所示。

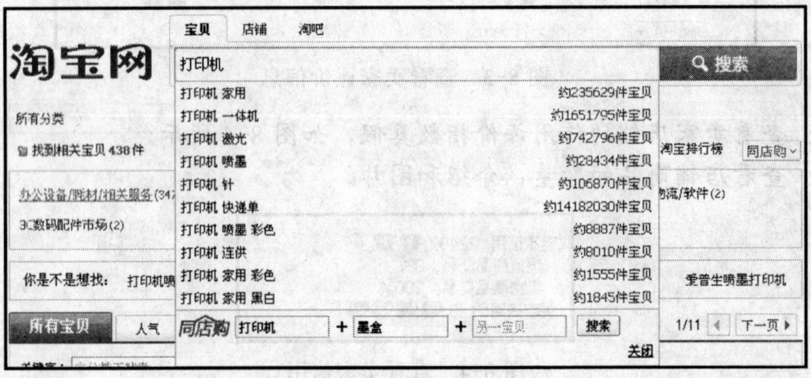

图 8-7 输入"墨盒"

步骤 3：查看搜索结果，同时拥有这两样商品的店铺会显示出来，如图 8-8 所示。

图 8-8 搜索结果

步骤 4：同店购还有一个入口，在导航栏的右上角，如图 8-9 所示。

图 8-9 同店购的另一个入口

步骤 5：单击"同店购"按钮后，可以看到此处支持同时购买 5 件商品，如图 8-10 所示。

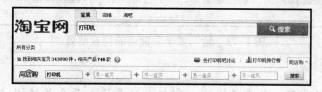

图 8-10 支持同时购买 5 件商品

活动三：快速、准确地找到商品（见图 8-11）

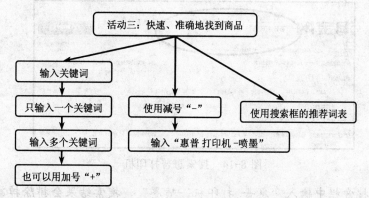

图 8-11 快速、准确地找到商品活动流程

149

1. 输入关键词

步骤 1：假如想购买一件 2010 秋冬款女外套，只输入一个关键词"外套"，效果如图 8-12 所示。

图 8-12 只输入一个关键词的搜索结果

步骤2：输入多个关键词，如"2010　女外套　秋冬"。多个关键词之间可以用空格隔开，也可以用加号"+"连接，它们的效果是一样的，如图8-13所示。

图8-13　输入多个关键词的搜索结果

2. 使用减号"-"

步骤1：假如想购买一款惠普激光打印机，只是输入两个关键词"惠普 打印机"，效果如图8-14所示。

图8-14　搜索惠普打印机

步骤2：在搜索栏中输入"惠普 打印机 -喷墨"，搜索结果会排除掉减号后面的关键词的内容。注意：使用时要在减号前面加空格，如图8-15所示。

图8-15　搜索惠普激光打印机

3. 使用搜索框的推荐词表

步骤：假如想购买iphone 4手机套，输入"iphone"的时候，搜索框就会显示出来一列与iphone相关的推荐词，其中就有"iphone 4手机套"，单击它即可。搜索框推荐的热门关键词，是按关键词的人气从高到低排序的。排列越靠上的，代表被搜索的次数越多，如图 8-16 所示。

图 8-16 搜索框的关键词

 **知识链接**

一、保障网上交易安全

在当今网络高速发展的情况下，"网银"的使用已经越来越普遍了，越来越多的人使用网上银行来处理个人资产，如何安全地进行网上交易成为了大家关注的问题。下面是各类安全用卡常识与技巧：

1）要了解网上商户。在信任的网站进行购物，如果是初次交易，建议确认商户的固定电话（而不是手机号码）以及邮寄地址（而不是 E-mail），验证商户的真实可靠性。

2）使用安全的网站。在支付页面进行支付时，留意网页地址的前缀是否是"https://"，并且查看 IE 浏览器右下角状态栏上是否显示一把锁的图案，这些标志表明交易受到加密措施的保护。

3）要保护个人信息，千万不要透露帐户及密码等重要信息。警惕不法分子通过即时聊天工具、电子邮件等方式向客户发布虚假的低价商品信息，引诱客户到其指定网页购买商品，并假冒银行在线支付页面，不断提示"口令卡密码输入错误"，让客户多次输入口令卡密码，骗取客户网上银行口令卡密码等私密信息。

4）要保存订单及销售条款。由于购物网页随时可能更换，建议将订单及网页上有关消费保证的事项，包括送货时间、客户服务、退货办法等打印出来。

5）要定期检查对账单，如果发现可疑交易，应立即联系发卡银行。

6）防范帐户被盗用。谨慎选择交易卖方商户，不要将自己的信用卡号、有效期、密码等信息透露给虚构卖家。

二、网上购物四大陷阱

陷阱一：低价诱惑。在网站上，如果许多产品以市场价的一半甚至更低的价格出现，这时就要提高警惕性，想想为什么它会这么便宜，特别是名牌产品，因为名牌产品除了二手货或次品货，正规渠道进货的名牌产品是不可能和市场价相差那么远的。

陷阱二：高额奖品。有些不法网站往往利用巨额奖金或奖品诱惑消费者浏览网页，并购买其产品。

陷阱三：虚假广告。有些网站提供的产品说明存在夸大甚至虚假宣传情况，消费者购买到的实物与网上看到的样品不一致。

陷阱四：设置格式条款。一些网站的购买合同采取格式化条款，对网上售出的商品不承担"三包"责任，没有退换货说明等。

三、四招识破网上骗局

招数一：不要被网上天花乱坠的广告信息所迷惑，不要轻信网上热销商品、打折商品信息。

招数二：要选择有正规经营权的网站进行购买行为。正规网站都标有网上销售经营许可证号码和工商行政管理机关红盾标志，消费者可单击进入查询。

招数三：选择好付款方式、购货类型。

招数四：消费者在购买前应该核实好产品的售后服务是否齐全，当地是否有代理点，并注意索取购物发票或收据。

 巩固训练

一、单项选择题（请将最佳选项代号填入括号中）

1．找到可同时购买多件商品的店铺，在进入搜索结果页面后单击（　　）按钮。

A．"淘吧"　　　　B．"店铺"　　　　C．"打开同店购"　D．"宝贝"

2．单击打开"同店购"按钮后，可以发现该功能支持同时购买（　　）件商品。

A．8　　　　　B．7　　　　　C．6　　　　　D．5

3．为使搜索结果排除掉某个关键词的内容，可以使用减号，但是前面要加（　　）。

A．"　　　　　B．空格　　　　C．：　　　　　D．&

二、操作题

操作题 1：在当今网络高速发展的情况下，"网银"的使用已经越来越普遍了，越来越多的人使用网上银行来处理个人资产，如何安全地进行网上交易成为了大家关注的问题。请简述有哪些技巧。

【目标】学会如何安全地进行网上交易。

【要求】学生能描述安全交易的注意事项。

操作题 2：简述快速、准确地找到商品的操作步骤：在淘宝网中查找 2011 年新款长袖男 T 恤。

【目标】学会在淘宝网上搜索商品的方法。

【要求】（1）打开淘宝网。

（2）在搜索栏中准确输入关键词。

评价报告

认识网络购物技巧评价表，见表 8-1。

表 8-1 认识网络购物技巧评价表

被考评人					
考评地点					
考评内容	网络购物能力				
考评标准	内 容	分值/分	自我评价/分	小组评议/分	实际得分/分
	寻找诚信可靠的卖家	20			
	找到可同时购买多件商品的店铺	20			
	快速访问曾经访问过的网站	20			
	快速、准确地找到商品	20			
	保障网上交易安全技巧和了解网上购物防范技术	20			
	合 计	100			

注：1. 实际得分=自我评价 40%+小组评议 60%。

2. 考评满分为 100 分，60～74 分为及格；75～84 分为良好；85 分以上为优秀（包括 85 分）。

153

任务 2 学会网络商店技巧

情景导入

琦琦准备开设一家网店，于是她开始认真学习开设网络商店的技巧，学习使用图像处理软件、网页制作软件、办公软件以及如何维护计算机系统、升级杀毒软件等操作。

任务目标

● 了解开设网店的基本硬件配置。

● 了解几种常见的网页制作软件。

● 了解几种常用的办公软件。

● 学会常用的维护、重装计算机系统的方法，知道如何升级杀毒软件。

活动一：作好网店硬件和软件准备（见图 8-17）

步骤 1：了解基本硬件配置。开设网络商店除了需要计算机、宽带网络、数码相机等设备外，最好还要配置扫描仪和传真机。为了方便，可以配置集打印、扫描、复印、传真功能于一体的激光多功能一体机，如图 8-18 所示。

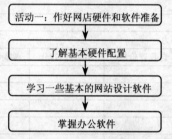

图 8-17　作好网店硬件和软件准备活动的流程

图 8-18　多功能一体机

步骤 2：除了基本的计算机操作技术外，要想真正想把网店开好，还需要学习一些基本的网站设计软件，如 Dreamweaver、Flash、Fireworks、Photoshop 等。

步骤 3：可以利用办公软件提高工作效率，如用 Excel 软件统计商品销售情况等，如图 8-19 所示。

	A	B	C	D	E	F	G	H	I	J	K
1	日期	顾客姓名	购买物品	件数	总额	成本	运费	利润	发货单号	客户地址	联系电话
2	2010-9-30	刘开奇	Q0102-3发圈，Q0105-4发圈	2	75	20	20	35	2681093222	武汉市江汉路32号	027-82781166	1380
3	2010-10-2	佘明浩	X0106-5发夹，H0108发圈	2	87	45	10	32	2681093223	武汉市解放大道636号	027-83735570	1399
4								0			
5								0			

图 8-19　利用 Excel 软件统计商品销售情况

活动二：维护计算机系统并升级杀毒软件（见图 8-20）

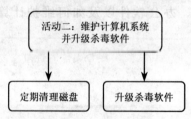

图 8-20　维护计算机系统并升级杀毒软件活动的流程

1．定期清理磁盘

步骤 1：目前大多网店店主都使用 Windows 操作系统。随着使用时间的增加，系统会变得越来越慢，这就需要进行及时整理，一般采用定期清理磁盘的方法。双击"我的电脑"

图标，然后鼠标右键单击C盘，在快捷菜单中选择"属性"命令，如图8-21所示。

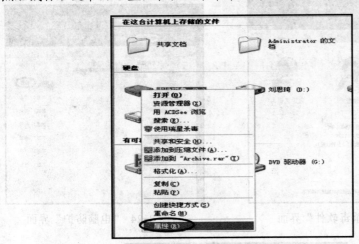

图 8-21 选择"属性"命令

步骤2：在弹出的对话框中单击"磁盘清理"按钮。在"（C:）的磁盘清理"对话框中，即可以进行磁盘清理和其它选项的操作，如图8-22所示。

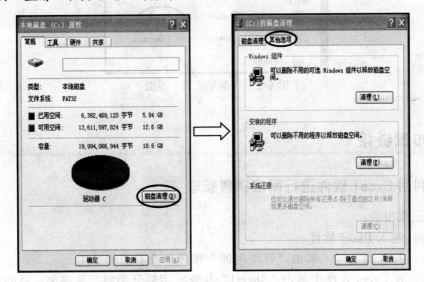

图 8-22 Windows 操作系统清理磁盘设置

2．升级杀毒软件

步骤1：在计算机桌面上双击"瑞星杀毒软件"图标。在"瑞星杀毒软件"界面中选择"杀毒"选项，可以对计算机进行"快速查杀"或"全盘查杀"等操作，如图8-23所示。

步骤2：在"瑞星杀毒软件"界面中，选择"电脑防护"选项，可以对计算机"文件"和"邮件"等进行监控和防护操作，如图8-24所示。

步骤3：在"瑞星杀毒软件"界面中，选择"瑞星工具"选项，可以对计算机进行"引导区还原"等安全操作，如图8-25所示。

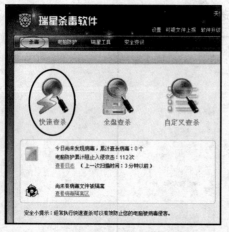

图 8-23 "瑞星杀毒软件"界面

图 8-24 "电脑防护"界面

图 8-25 "瑞星工具"界面

 知识链接

一、利用 Excel 软件进行网店销售管理

Excel 记账报表：

第一步：进入 Excel 软件。

第二步：打开淘宝网，单击"管理店铺"按钮，查看店铺分类。

第三步：在 Excel 软件中单击"Sheet1"并依据店铺分类将其重命名。目的是做到分类清晰，方便入账及其它后续工作。

第四步：单击"店铺分类"的具体货品（在这里列出该分类下的所有货品），全部粘贴到 Excel 表中。

在表单第一行上注明"图片"、"货名"、"出售价"等基本内容，在第一列注明功能。

二、重装系统的原则

1. 系统是否需要重装，三条法则帮你忙

如果系统出现以下三种情况之一，应该考虑是否重装系统：

1）系统运行效率低下，垃圾文件充斥硬盘且散乱分布，不便于集中清理和自动清理。

2）系统频繁出错，故障不便于准确定位和轻易解决。

3）系统不能启动。

2．重新安装系统前，最好先列备份单

在因系统崩溃或出现故障而准备重装系统前，应该想到的是备份好自己的数据。这时一定要静下心来，仔细罗列出硬盘中需要备份的资料，把它们一项一项地写在一张纸上，然后逐一对照进行备份。如果硬盘不能启动了，这时需要考虑用其它启动盘启动系统，拷贝自己的数据，或将硬盘挂接到其它计算机上进行备份。为了避免出现硬盘数据不能恢复的灾难发生，最好在平时就养成每天备份重要数据的习惯。

3．不要忽视备份用户文档

在需要备份的数据中，用户文档是首先要考虑备份的数据。通常，用户的文档数据放在"我的文档"文件夹中。如果用户另外指定了存放的文件夹，则需要备份相应的文件夹。

三、安装 Windows XP 操作系统

1）开机，看提示按"DEL"键进入计算机的 CMOS 设置，根据主板 BIOS 的不同，一般选择进入"Advanced CMOS Features"，然后选择"The First BOOT Driver"，设置为"CD-ROM"，最后按"ESC"键退出，选择"Save & Exit Saving"来保存 COMS 的设置。这样做的目的是使计算机由光驱启动。如果是 Intel 的原装主板，则应该把启动顺序设置为：CD-ROM，C，F。

2）根据提示把 Windows XP 安装到 C 盘。

3）安装计算机硬件的驱动程序，然后右键单击"我的电脑"→"属性"→"系统还原"，将它关闭。

4）调整显示器的分辨率和刷新率，选择 75～85Hz 的刷新率。

5）IE 设置。进入"Internet 选项"，单击"浏览历史记录"下的"设置"按钮，把使用磁盘的空间调为最小。

6）安装常用软件。

7）升级杀毒软件，然后查看计算机是否可以正常上网。

8）等全部软件安装无误后，做 C 盘的 Ghost 文件并保存于最后一个硬盘分区中，以后碰到系统崩溃，只要用 Ghost 软件恢复一下 C 盘就可以了。

巩固训练

一、单项选择题（请将最佳选项代号填入括号中）

1．目前大多网店店主都使用 Windows 操作系统。随着使用时间的增加，系统会变

得越来越慢，这就需要进行及时整理，一般采用（　　）的方法。

  A．格式化磁盘   B．定期清理磁盘

  C．磁盘分区   D．文件备份

2．安装了杀毒软件后，为了更有效地使用杀毒软件，必须及时（　　）。

  A．重装系统   B．格式化硬盘

  C．升级系统程序，更新病毒库   D．安装最新杀毒软件

3．为了更好地使用计算机，提高硬盘的使用率，应将操作系统安装在硬盘的（　　）。

  A．C盘   B．D盘   C．E盘   D．F盘

二、操作题

操作题：重装系统。

【目标】学会重装计算机操作系统。

【要求】学生独立完成重装系统的操作。

评价报告

学会网络商店技巧评价表，见表8-2。

表8-2　学会网络商店技巧评价表

被考评人					
考评地点					
考评内容	网络商店技巧				
考评标准	内　容	分值/分	自我评价/分	小组评议/分	实际得分/分
	了解开设网店需要的硬件配置	20			
	了解图像处理软件的功能和简单操作	20			
	了解办公软件	20			
	会重装计算机系统	20			
	安装和使用杀毒软件	20			
合　计		100			

注：1．实际得分＝自我评价40%＋小组评议60%。

    2．考评满分为100分，60～74分为及格；75～84分为良好；85分以上为优秀（包括85分）。

项目拓展训练

一、单项选择题（请将最佳选项代号填入括号中）

1．开机后按（　　）键可以进入BIOS系统。

  A．"Tab"   B．"Esc"   C．"F1"   D．"Del"

2．调整显示器的分辨率和刷新率，一般家用的液晶显示器设置为（　　）较合适。

A．40Hz　　　　B．60Hz　　　　C．80Hz　　　　D．100Hz

3．在淘宝网的搜索栏中可以按"宝贝"、"淘宝商城"、（　　）和"拍卖"等进行搜索。

A．"店铺"　　　B．"价格"　　　C．"宝贝数量"　　D．"信用度"

4．在"Photoshop"软件中单击工具栏上的"剪取"按钮，移动鼠标到已经打开的图片上，按住（　　）键的同时单击鼠标左键，在需要的部位拖出一个正方形区域，按"Enter"键确定，即可裁剪出一个正方形图片。

A．"Ctrl"　　　B．"Alt"　　　C．"Shift"　　　D．"Delete"

5．在淘宝店铺中支持的图片格式为 JPG 和（　　）。

A．BMP　　　　B．PNG　　　　C．PSD　　　　D．GIF

二、多项选择题（每题有两个或两个以上的答案，请将正确选项代号填入括号中）

1．网络商店除了需要（　　）等设备外，最好还要配置扫描仪和传真机。为了方便，可以配置集打印、扫描、复印、传真功能于一体的激光多功能一体机。

A．计算机　　　B．宽带网络　　　C．数码相机　　　D．多功能一体机

2．以下是常用杀毒软件的有（　　）。

A．瑞星　　　B．360 杀毒　　　C．Fireworks CS5　　D．金山毒霸

3．可以通过查看卖家店铺的信用评价指数了解店铺信息，它们包括（　　）

A．卖家信用　　　　　　　B．虚拟商品交易

C．实物商品交易　　　　　D．买家信用

4．在淘宝网上搜索的商品结果可以根据（　　）排序查看。

A．价格　　　B．信用　　　C．销量　　　D．数量

三、判断题（正确的打"√"，错误的打"×"）

1．在淘宝网搜索商品时，支持同时购买 5 件商品的功能。　　　　　　（　　）

2．网络商店只需要有一台可以上网的计算机就可以了。　　　　　　　（　　）

3．计算机系统出现了问题，直接重新安装系统即可，无需备份。　　　（　　）

4．制作网店图标、商品图片、动画商品图片介绍以及处理商品照片等操作都可以利用"Photoshop"软件。　　　　　　　　　　　　　　　　　　　　　　　　（　　）

5．在搜索时利用"-"可以剔除其后面的关键词内容。　　　　　　　（　　）

四、操作题

操作题 1：为计算机清理磁盘。

【目标】学会清理磁盘的方法。

【要求】学生独立完成清理磁盘的操作。

操作题 2：查询卖家信用评价信息。

【目标】了解查询淘宝卖家信用评价的途径。

【要求】学生独立查询卖家信用评价的信息。

参 考 文 献

[1] 尹晓勇，马东波，张海建. 计算机网络基础[M]. 4版. 北京：电子工业出版社，2010.

[2] 王树君. 计算机网络技术技能教程[M]. 北京：电子工业出版社，2007.

[3] 零界点设计，卢坚，鲍嘉. 淘宝网店铺装修宝典[M]. 北京：人民邮电出版社，2008.